"十四五"普通高等教育本科部委级规划教材

服装设计学概论

喻玥　姜晓曦　编著

中国纺织出版社有限公司

内 容 提 要

服装设计学是研究服装自身、服装设计实践活动和服装现象的一门学问。本书从服装行业角度剖析服装设计运营的整个链条概况，描述了服装设计与相关领域的关系和设计师应掌握的知识能力。全书包括九部分内容：服装设计研究范围与对象、服装设计学的特性、时尚体系、服装品类、服装设计源流、时装设计方法论、服装品牌、服装设计与现代科学技术、时装评论。概论知识是我们每一位进入服装领域及行业的学徒提升艺术修养的重要平台，是对服装设计学科学术背景综合且深入了解的重要途径。

本书可作为高等院校、职业技术院校服装专业教材，对于广大服装爱好者和从业者也有较好参考价值。

图书在版编目（CIP）数据

服装设计学概论 / 喻玥，姜晓曦编著 . -- 北京：
中国纺织出版社有限公司，2022.4
"十四五"普通高等教育本科部委级规划教材
ISBN 978-7-5180-9226-0

Ⅰ.①服… Ⅱ.①喻… ②姜… Ⅲ.①服装设计—高
等学校—教材 Ⅳ.① TS941.2

中国版本图书馆 CIP 数据核字（2021）第 264945 号

责任编辑：宗 静　特约编辑：刘美汝　责任校对：楼旭红
责任印制：王艳丽

中国纺织出版社有限公司出版发行
地址：北京市朝阳区百子湾东里 A407 号楼　邮政编码：100124
销售电话：010—67004422　传真：010—87155801
http://www.c-textilep.com
中国纺织出版社天猫旗舰店
官方微博 http://weibo.com/2119887771
北京通天印刷有限责任公司印刷　各地新华书店经销
2022 年 4 月第 1 版第 1 次印刷
开本：787×1092　1/16　印张：15.75
字数：265 千字　定价：78.00 元

章 / 课时	课程性质 / 课时	节	课程内容
第六章 （4 课时）	专业实践 （4 课时）	●	第六章　时装设计方法论
		一	解决不同场合与目的着装方案
		二	时装设计原则
		三	时装设计流程
第七章 （4 课时）	专业理论 （10 课时）	●	第七章　服装品牌
		一	品牌服装认知
		二	服装品牌运营
		三	服装品牌传播
		四	服装品牌营销
		五	服装品牌买手
第八章 （4 课时）		●	第八章　服装设计与现代科学技术
		一	服装电子商务
		二	计算机辅助服装设计
		三	服装数字化管理
		四	科技元素与服装设计
第九章 （2 课时）		●	第九章　时装评论
		一	时装评论的意义与作用
		二	时装评论的传媒形式与特点
		三	时装评论的能力与技巧
		四	时装设计评论标准

注　各院校可根据自身的教学特点和教学计划对课程时数进行调整。

教学内容及课时安排

章 / 课时	课程性质 / 课时	节	课程内容
第一章 （2课时）	基础知识 （4课时）	●	**第一章　服装设计研究范围与对象**
		一	什么是服装
		二	服装设计的本质
		三	艺术设计范畴
		四	服装设计学的研究对象
第二章 （2课时）		●	**第二章　服装设计学的特性**
		一	服装的基本性质
		二	服装形象的要素
		三	服装设计的多重性
第三章 （2课时）	专业理论 （8课时）	●	**第三章　时尚体系**
		一	服装业语言
		二	流行与时尚
		三	中国服装业现状简述
第四章 （2课时）		●	**第四章　服装品类**
		一	服装制造业产品分类
		二	商业服装商品分类
		三	按服装用途分类
		四	其他角度分类
第五章 （4课时）		●	**第五章　服装设计源流**
		一	服装起源理论
		二	服饰设计的历史渊源
		三	中国古代服饰文化
		四	西方现代艺术与服装
		五	20世纪西方有影响力的时装设计师

　　20世纪70年代，艺术学领域出现了一些引人注目的现象，就是艺术设计的兴起、艺术设计学子的"剧增"和艺术设计教育的发展。设计意识和设计应用渗透到人所涉足的各个方面，大至城市环境、房屋建筑，中至家具、电器、服装纺织品、生活日用品，小至戒指、耳环、胸针、项链、眼镜、钢笔、信纸、礼盒等，现代人无不感受着艺术设计的魅力和艺术设计附加价值的影响，服装艺术的影响力也在其中。

　　伴随着生命成长和人类文明进步的服装，是当今人们生存生活的必需用品，是人与人在社会交往中必要的物质和精神需要的一种文化形式或生活状态。从女娲造人，夏娃以无花果叶遮身，人类萌生了美的意识或羞耻感时，服装就不断地发生、发展和演变。从衣与人的关系来讲，服装当是人体的"第二层肌肤"，一个生命来到这个文明的世界就与服装终生相随。从社会构成的个体来说，服装不仅有实际使用价值，还有装饰和美化的作用，是一个人的仪态外观的主体，是自然人无声的语言，它不仅显示其个人修养、审美情趣、综合素质，也传达着个人品位和精神风貌。从社会文化角度来看，服装还是人们扮演角色的重要工具，人类在褴褛时代就自觉或不自觉地用服饰进行着自我包装，当人们享受生活的意识日渐加强时，对服装的要求就越来越高，甚至用服饰外观来实现视觉形象上的角色转换。从社会经济角度来说，服装还是一种商品，服装业的繁荣可以活跃市场，拉动上下游纤维、纺织、印染、织布、辅料配饰、传播和贸易营销等相关产业的发展，对于国民经济的繁荣、国家经济建设和人民生活改善都发挥着积极的作用。当人们享受生活的意识日渐加强时，对服装的要求就会越来越高，随着社会经济的发展，信息化和数据化步伐的加快，服装更是以无国界的语

言形式进行广泛的传播和交流。人会更加关注自身的生活空间——人体包装，服装设计、服饰搭配、形象设计成为人日常交往中最关注的话题，服装表现出来的文化形态在社会生活和人际交往中，显示着不可忽略的影响力。

服装设计是社会意识形态的组成内容之一，是设计者通过服装这一物质载体表现其自身对本时代特征、精神风貌、物质材料、科学技术、文化审美的综合理解和应用。服装是人类民族文化的结晶，是一个时代的镜像，是社会文明的窗口。人们的穿着，以及服装的设计水平都将体现出一个民族的文化、艺术、经济和科技的发展水准。如果我们对一个时代的服装进行分析，还可以了解到那个时代社会的政治局势、经济发展、科技水平、礼仪文化等。可以说，一部服装发展史，相当于一部人类社会文明的发展史。

我国拥有五千多年丰厚的服饰文化和14亿人口的庞大产业需求，这是对服装艺术设计人才的需求和服装业发展的宽厚基础。由于服装是纺织类产品的终端，服装类产品的发展将会带动相关的服饰奢侈品配件等产业的发展，而服饰品更新换代的时间又很快，服装业成为或者说已经成为世界上最具活力的产业。亚洲经济的发展，东方设计师才华的展现，使国际上出现了"东风西渐"的文化转移，服装以无国界语言形式进行广泛的传播和交流。在这样一个以信息管理经营和以人为本的知识经济年代，人才成为竞争的焦点，缺乏专才对发展中的服装行业影响绝对是巨大的。如此，服装教育是服装事业繁荣发达的基础，没有服装教育的发展就谈不上服装业的繁荣，没有服装文化理论的深入研究，也就没有服装业赖以支撑的发展根基。早在1999年，尹定邦先生就艺术界中对设计的偏见或轻视予以批评，时至今日设计艺术的发展和需求有目共睹，设计已经深入人们生活的方方面面，日复一日地改变着人对自身的认识。

近二十年来，我国的设计教育实现了从以往的"图案""工艺美术"向设计艺术观念的转变。自1998年我国高等院校工艺美术各专业增设"设计艺术学"，并以"艺术设计"取代原20世纪80年代的"工艺美术"专业至此，艺术设计学科发展成为国家一级学科，延伸细分为服装设计、视觉传达设计、时尚品牌传播、产品设计、交互设计、环境艺术设计、数字媒体艺术设计、展示设计及设计管理等各专业方向。学科名称的变化，学科方向的发展，充分反映了现实对设计的需要和未来的发展走向。

服装设计是众多设计门类中与人生活最贴近的设计，是当今最时尚、使用最为热门的词汇之一。作为文化的服装，生活空间——人体包装、服装设计、服饰搭配以及整体形象设计都成为人们日常交往中最关注的话题，设计表现出来的文化形态在社会生活和人际交往中，显示着不可忽略的影响力。服装是人与人在文明社会交往中必要的一种文化形式或生活状态，这种形式和状态不会被打破，而会随着科技生产力的发展、经济水平的提高而要求更高。服装与人类的关系就是这样一种社会的文化形态，服装设计就是对这种文化形态的设计。设计不仅从社会各方面提高着人们的生活质量，还影响或引导着大众的审美时尚、审美情趣，对日常生活有着越来越重要的作用，因此设计艺术教育也越来越得到应有的重视。

服装设计教育应当建立一种与设计艺术学这一边缘性交叉学科相适应的知识结构和课程体系。"造型艺术教育"侧重的是以造型元素及其组合规律为主线的工艺、设计等内容的学习，强调艺术审美在实际生活中的应用，特别是服装设计作为一门实践性极强的专业，必须在与社会、产业的碰撞和结合中，才能得到真正发展。服装设计作为一门学科，它还年轻，其体系的完整性和理论深度都无法与哲学、建筑学、美学等经典学科相提并论，但是这一学科却有毫不逊色的重要性。人从最初来到这个世界到离开这个世界都是与衣服或服装紧密相连，人无数次与衣服接触，制造它、利用它，并代代相传，由于地域和习俗的关系使不同形制的衣服形成不同传统文化特色。另外，人类社会的习俗也赋予服装意义，服饰形象直接反映出各种价值观念，体现了不同民族不同文化背景下的生活喜好与忌讳，这些喜好忌讳或是价值观念反过来又对人的生活做出了规定，人通过服饰使自身的意义更加明显起来。对于社会生产力来说，人类的纺织生产几乎与农业同步开始，中国有"天子躬耕""皇后亲蚕"的劝农桑之举，进入阶级社会以后它一直是统治阶级的立国之本。据近史记载，第一次产业革命就是从纺织业开始的，并由此而开创了大工业时代。现代发达国家几乎都是以发展纺织与服装工业来积累资本实现工业化的。服装设计有展现人类衍生和选择深层结构的价值体系，同时也以制作、材料、式样、色彩等外在形式来表现人类从事服装设计的行为。可以说从古至今，服装设计就一直存在人类社会之中，它是为满足人们穿衣和变换衣服这一行为需要而产生的，是社会生产力的一个重要的组成部分。正因为有了与人类相伴相随又不断变换的服饰，才使我们有了一条认识世界的新途径。

基于服装设计学是研究人与服装、服装现象和服装设计实践活动的一门学问，本书从服装领域总体框架及行业运营角度来认识和描述服装与服装设计的整个链条概况，研究服装、服装设计及与设计相关领域的关系和设计师应掌握的知识能力入手。本书的体例、结构、研究方法和同类书有较大的不同，并有一定的创新之处。全书共分九章：第一章"服装设计研究范围与对象"为服装概念、服装本质含义及服装设计学研究范围与对象的介绍，在其他章节学习之前对服装及服装设计学有一个总体的概念认知；第二章"服装设计学的特性"从服装学的基本形制与技术特性、审美特性、经济特性、市场特性和科技特征等方面对设计要求进行全面了解；第三章"时尚体系"、第四章"服装品类"基于时尚体系分别从高级时装、高级成衣等概念，进行了较为全面的介绍；第五章"服装设计源流"主要从历史设计形态与服装风貌，讲述服装发展随着历史形态的不同而呈现出不同的衣装形态和设计风貌；第六章"时装设计方法论"主要讲述服装设计的内容与方法、服装设计的意义及对原创的认知；第七章"服装品牌"为介绍服装品牌和服装买手内容，重点介绍服装品牌运营方法与现状以及现代炙

手可热的服装买手的工作；第八章为"服装设计与现代科学技术"，第九章为"时装评论"，设计评论是对社会有指导意义的批评发声，具有其现实意义。本书从概论角度导入研究什么，怎样研究，分析了服装和服装设计学作为一门学科所包含内容的广度和深度，学习后会对服装设计的文化内涵、设计源流、设计语言、时尚品类、时装设计内容、时装设计岗位，以及买手、品牌等服装体系方面形成整体认知。可以说，服装设计是横跨自然科学和人文科学两大领域的边缘性学科，其知识结构涵盖了诸如人体工程学、卫生学、材料学、工程学、机械学、市场学、信息学、心理学、美学、设计学、色彩学、文化人类学、民俗学、服装史等学科知识。

总而言之，服装设计学是关于服装、服装设计本质的研究，研究自然人、社会人关于服饰文化体系和服饰生活设计体系，以及服装与服装设计知识体系，技术与艺术、纺织与面料、染色与配色、品牌与买手、市场与销售、历史与时尚等方面综合性系统性难题，想要进入服装领域，必须关注这些跨学科知识的方方面面。这是一门涉及面极广的课程，故本书在以服装设计为本体的基础上，对各个与服装有关学科都有不同程度的涉及。把"服装设计"作为体系学问来研究，其中相关理论知识可以为学习者搭建起一个完整的服装知识结构体系和比较系统的专业认识及观念，这些基础的认知及观念是进入服装领域及行业学徒艺术修养的重要平台，是对服装设计学科学术背景综合且深入了解的重要途径。

喻玥

2021年10月

目录

CONTENTS

服装设计学概论

服装设计研究范围与对象

第一章

课题名称： 服装设计研究范围与对象

课题内容： 1. 什么是服装

2. 服装设计的本质

3. 艺术设计范畴

4. 服装设计学的研究对象

课题时间： 2课时

教学目的： 通过本章的学习，使学生认识服装设计学研究的前提，研究对象、服装设计的本质内涵和外延特性。了解艺术设计学的范畴，服装设计学的研究范围、条件与意义等。

教学方式： 课堂讲授、课堂提问。

教学要求： 掌握服装设计的本质、艺术设计学的范畴及特征。

课前（后）准备： 课前可根据知识点预习，课后完成思考与练习。

服装是服装设计研究的基本对象，搞清楚其本质含义是服装设计研究的前提和基础。服装设计一词具有内涵极深、外延又极广的概念。本章将从"服装"与"设计"的词源考证入手，对服装设计范畴做深入细致的分析探讨，从而深刻理解服装设计的特质。

■ 第一节 什么是服装

一、服装的概念

"服"与"装"分开来看，服为衣服。《说文解字》称："衣，依也。上曰衣，下曰裳。"是指上身和下身衣服的统称。《辞海》解："服"，泛指供人服用的东西。《中华大字典》称："衣，依也，人所依以庇寒暑也。""服，谓冠并衣裳也。"是指缠绕身体主要部位的物品，将上衣、下衣、外衣统称为衣服。这里不仅指与衣裳意思相同的部分，还包括了头上戴的帽子、脚下穿的鞋子。在日本，衣服和"被服"是同义语，指所有包覆遮盖于人体的衣物。日本的被服学包括被服材料学、卫生学、构成学、机械学、心理学、社会学、管理学、人工学等。而"被服"一词在我国汉代《古诗十九首》云："被服罗裳衣，当户理清曲"，是指穿着整理之意，这就蕴含了服与装的整体之意。

《辞海》解："装"，为服装，做名词：如上装、下装、便装、军装；做动词：如装扮、乔装、伪装、装饰、修饰等。从"装"的词义解释，还有"饰"的含义。在这个大概念下，包括衣、裤、裙、鞋、帽、首饰、脚饰和腰饰等；它们还可以细分，比如首饰细分下去又包括钗、簪、梳、夹、耳环、耳坠、戒指、项链等。

以"服"字为例，在古文献中，不仅指衣服和穿衣，还引申到其他社会行为、习惯与场合。在《楚辞·九章·橘颂》里："后皇嘉树，橘来服兮"，服，习也，讲的是风习和适应，即变化习性和内在适应；讲的是穿戴服饰变化随习俗而适应。"饰"或指衣饰，或指装饰行为。"服"为物，而"装"是动词，这种状态是衣服与人形成的一种印象，甚至与周围环境有紧密的联系。《周礼·春官》云："辨其名物，与其用事，设其服饰。"古人谙识装饰的意义，懂得如何营造穿着衣服，其内容与现代意义上的服饰概念相近。从这个意义上说，服装是指"人＋衣＋饰品"为人体起保护和装饰作用的鞋、服、包、帽、饰品的总称。

关于"服装"的概念，普遍认为：服装是"成衣"和"衣服"。成衣是一个"物"的概念，如生产衣服的"服装厂"，销售衣服的"服装店"。衣服和人是服装完整的概念，它是人在着装后所形成的一种状态。穿着者与衣服之间、与环境之间相互协调，才是看到的服装美。衣服美与服装美的不同之处在于衣服美是一种物的美，服装是指衣服和人体组合后的着装状态，服装美是服与饰的结合，是人与物的协调所形成的美的感觉。

"服装"一词在英语中有几个对译的单词，即Clothing，Dress，Costume，Apparel。其中Clothing泛指日常生活中用途最广的着装；Dress是指盛装或礼服，指在较重要场合的着装；Costume指舞台演出的专用服装；Apparel则有衣饰服饰着装的含义。英语服装一词的译文说明了社会人穿衣的潜规则，以及在不同场合着装的重要性。

二、服饰的概念

服饰是一种穿着行为和文化习惯。对现在社会来说，服装已经是每个自然人、社会人装饰自己、保护自己的必需品，不仅为了穿着，而且能体现身份、生活态度，展示个人魅力。从这一层意义上来看，当衣服挂在衣架上只是一件具有一定价值的衣物，是一种纯物质的存在，只有穿在人身上才能发挥其修饰装扮的功能，使人变得更加美丽，富有气质、品位。所谓服装之美可以说就是一种人性魅力的美。

自然人和服饰品共同创造一种和谐美感的生活状态，这就是对服装本质追求的现代人同社会存在的审美关系。服装由款式、面料与色彩三个基本要素组成，设计完成的衣服款式以及服饰配件，不同性别、年龄的人（或人群）及穿着后的状态就是三个维度组合的人物造型。因此，衣服、饰品与人之间是人为安排的一种有序的、美感的和谐关系，同时又是一种互补、协调的整体关系。服装服饰作为一种艺术形式，通过精心设计、安排、组织可以传达出某一时期人和社会的思想观念及形象风貌。

由此可以得出这样的结论，服饰是适应人需要的产物，其产品形象能生动地展现出人们的生活趋势与特点。人的需要表现为两点：一是实用，二是美观。实用性是审美性的基础，审美性是实用性的表现形式。因此，服饰是衣服、饰品和化妆修饰等用来装饰人的物件统称。服饰的实用审美价值也是服装的本质意义所在。

三、服饰的功用

1. 实用性　人对服饰使用性能的考虑主要有两方面，即人体生理机能需要和身体保护需要。前者是满足人的生理需求，当人应对自然气候变化时，穿着衣物能使身体保持舒适的状态，满足人的生活最基本的需求；后者是满足人体功能需求，应对来自外界的危害，起到保护身体的作用，如防寒、防暑、防雨、防风、防高温作业服及各种工作服、运动服等。应对各种目的、用途，衣服具有很强的实用性，这种实用性即服装的使用价值。

2. 美观性　服饰美观性来源于着装者本能追求美的心理，从古至今人类都有装扮自己的本能愿望，并通过穿着的心理体验来完成对服装的需求，这种需求逐步从物质层面上升到精神层面。中国自古以来就把服饰与人的仪表和情感紧密联系在一起，推崇"暖而求丽""衣冠楚楚""文质彬彬"等服饰观。因此服饰能表现出人的气质风貌、品位、尊严以及思想情感。着装后人体呈现出的运动青春的美、成熟端庄的美、新潮前卫的美、典雅传统的美、粗犷野性的美、浪漫性感的美等，它们均能体现出个人的自我形象和精神面貌。

3. 社会性　无论是古代还是现代，服饰都伴随人类文明呈现出明显的文化特征。服饰作为一种历史的存在，蕴含着历史的文化事件和文化故事。服饰制造上下游行业的各种设计和生产都是整个社会生产的重要组成内容，更是一个国家或地区国民经济的组成部分。作为一种社会消费品，服饰具有社会性的含义，也是一个国家社会文化的表征。服饰的选择不仅代表着人们衣着消费的价值取向，而且成为人们精神生活的组成内容，以至于越来越多的人把服饰的消费理解为不只是一种纯物质性的消费，更是一种文化消费，与观看电影、欣赏艺术作品划为同类。服饰需要的物质本身价值占成本比例越来越小，而物质的无形价值或附加值的含量越来越高，选择服饰不只是选择物品或产品的质量和信誉，而是选择服饰传达的文化、个性和文化韵味，反映出无形价值代替有形价值的社会经济特征。

4. 象征性　服装的象征性主要体现在制式服装和职业服装。在社会劳动中，为了显示团体的所属社会职业、执行任务和行动的需要，服饰便有了象征的作用。例如，从中国封建社会象征各类官职的"补子图案"上可以看到森严的服饰制度；从现代各种制服和企业团队服装上看到着装者所属的部门，如海陆空军制服，公安部门制服，海关人员制服，民航、铁路交通员工制服等都是按照统一制式制作的服装，统一的式样、色彩及附属于衣服上的肩章、臂章、徽章、饰带等饰品，有很鲜明、很强烈的标识作用。

5. 装扮性　在社会劳动中，为了团体执行任务和行动的需要，服饰还具有装扮性的作用。如伪装服、舞台服、假装服等。伪装服，也称迷彩服，是野战军通过伪装来达到隐蔽目的的服装。迷彩伪装服主要有猎鸭者系列、叶片系列、丛林系列、沙漠系列和数码系列五个类型。作战服紧贴太平洋战场登岛作战需求，采用正反两面设计，一面是五色绿基调丛林迷彩图案，另一面是三色棕基调海滩迷彩图案，具有很好的伪装隐蔽效果。第二次世界大战后，库存迷彩服作为户外狩猎服装进入流通市场，被户外探险者和军迷们称为"猎鸭者"迷彩服。城市迷彩服虽然是制服，但配色为浅灰、深灰、蓝色、土色，具有装扮的性能。

扮装早在石器时代就开始出现了，巫师或部落首领穿着兽皮扮装服，显示其具有不同常人的超凡能量。

舞台服是演员通过剧中人和剧情角色的需要而变换的舞台服装，它包括戏剧舞蹈、杂技、曲艺、武术等演出时所穿的各类服装，同时也通过变化发型和化妆形式来达到角色要求的穿用目的。

中国传统京剧的脸谱艺术更是突出的实例，脸谱五颜六色，五花八门，但其实自有一套章法，如花脸脸谱是以色定调：红色表示忠诚耿直、热情吉祥；黑色表示豪爽粗暴、刚正不阿；紫色表示老实忠厚；黄色表示凶狠勇猛；蓝色表示桀骜不驯、刚强爽快；白色表示奸诈多疑；绿色表示骁勇鲁莽；粉红色表示年迈血衰；金银色表示庄严，多用于神仙圣人等，是一种具有中国文化特色的特殊化妆方法（图1-1）。

假装服是人们参加化装舞会、祭祀活动穿的服装，服饰的装扮性是为了变换着装者的身份，利用服饰伪装达到迷惑对方或使人感觉着装者像另外的人的目的（图1-2）。

图1-1　包公脸谱装扮

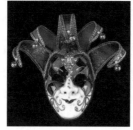

图1-2　化装舞会装扮

第二节　服装设计的本质

一、设计的概念

"设计"是指对事物或人造物的一种构思、规划和实施完成的过程。在《说文解字》中，"设"为："施陈也，从言役，役，使人也。"设就是施其陈列的意思。计就是合计、计算的意思。所以，"设计"从中文来讲，则有"人为设定，先行计算，预估达成"的意思，它是从事意念加工的工作，绘制图形足以说明工作如何实施进行，泛指能达成具有表达意义的图形生产。"设计"在中文古字典里为"营造"的意思。营造也

指建造、建筑工程及器械制作等。一般来讲，人类开始有意识地制造生活用品和劳动工具时，便具备了设计的意识和能力，从这一层面来说，设计是人的一种本能，是人类生活行为的共性特征，是一种有意识的创造性劳动。

从西方设计的发展来看，在现代设计兴起之前，设计不只等于建筑，也等于艺术。特别是西方艺术史与皇家艺术教育学院课程里，从文艺复兴开始，就慢慢地形成以建筑专业技艺为首，结合绘画专业技艺与雕塑专业技艺，三者合称为造型艺术，或称设计。设计作为一门独立的学科，萌生在19世纪大工业生产方式之后，纯手工制作艺术（绘画、雕塑）逐渐与建筑设计或产品设计区分开来，前者以手工制作为主，一次做一个；后者以机械制作为主，成批量标准化生产，一次生产成百上千个。前者称为纯美术与手工艺，后者称为设计。无论怎么区分，纯美术也好、手工艺也好、建筑设计也好、产品设计也好，都要设计对象在造型构造、色彩搭配、材料选择、工艺技术等方面赋予新的品质和新的形式美感，使多种要素之间达成均衡协调的整体。著名设计师鲍勃·吉尔（Bob Gill）是这样解读设计的："设计中需要被组织的元素就是我们的设计对象，这些被组织起来的元素，我们称它为'问题'。因此，设计的核心是解决问题。"优秀的设计是在完美地解决问题，设计使人们的生活变得更加便捷和美好。

设计概念随着科技的进步和社会的变更而不断更新和发展。一方面，设计学科自身逐渐成熟，越来越系统化、科学化和专业化；另一方面，商界对应用设计的价值认识，使现代设计的广度和深度较之过去有了实质性提高。至此设计的专业特点日渐突出，设计学科的分工越来越细，设计项目可以包括小礼品的包装、人的身体包装或形象设计，以及室内设计、建筑设计、城市设计和航天航空设计等。因此，设计是一种职业，是一种具有艺术与科技技术融合的造型活动，设计的应用如图1-3所示。

图1-3 建筑设计、环境设计、服装设计

二、设计的本质

设计的本质是创造，创造是人类有别于其他物种的重要特征。美是人类对物质和精神追求的最高境界，设计的本质是在考虑设计的对象时重视实用价值和审美主体精神需要的适应性，创造美的意识和用的意识是研究服装设计学的一个重要出发点。设计的本质是传达，优秀的设计是信息的准确传达，例如，地铁标识指示图，在时间仓促人流量密集的情况下，优秀的设计能迅速明确地指导人们在哪里转车，能清晰地区分出不同的线路导向；书籍方面，优秀的设计可以将知识内容按照逻辑思维有层次地排序，使读者阅读起来感受到自然流畅并且舒适；UI方面，优秀的设计使操作界面在感官上舒服，操作上合理而便捷；通知类海报方面，优秀的设计能简洁、清晰地表达出活动或事件的主题、时间和地点；商业广告方面，优秀的设计能突出产品最大的卖点，增加产品关注度，通过设计强化产品的优势以超越市场同类产品。时装设计也是一种创造，是一种附加了人的主观意识的创造，是为满足人类物质需求和心理欲望的富于想象力的创造，经过设计的时装可以传达某种特定理念，实现某种功能，体现特定价值。因此，设计师的关注重点不仅在于形式和美感，而且要关注最实质的功能性问题，这也就是前文所阐述的"设计的核心是解决问题"。

服饰设计是构筑"人的第二肌肤"，对人体的生存空间和生活方式赋予新的意义的创意思维，设计任务不是保持现状，而是设法去改变创新。把服饰作为一种艺术形式，通过精心设计、安排组织，传达出一个时期的流行信息，即个人和社会的思想观念的设计，包括衣物造型、结构、性能、选料、配色、规格、工艺、包装、展示等各方面工作，还需将纯物质的衣物装扮到人，使人变得更加美丽、有品位。它不可忽略以人为中心，以功能性为基础，以人性化设计的方式来满足特定的价值诉求。如果说，服饰是一种穿着行为和文化习惯，那么时装设计就是展示人们的理想、信念和追求，表达时装中蕴含的精神力量的创造性过程。换句话说，任何时装都有与之相协调的空间或环境，在一定空间环境内有舒适度、美观度的关系，人和服饰将共同创造出和谐美感的生活空间或生活状态。

第三节　艺术设计范畴

1998年由教育部正式公布修订的《普通高等学校本科专业目录》里，将染织艺术设计、服装艺术设计、产品造型设计、装潢艺术设计、陶瓷艺术设计、装饰艺术设计等专业归纳到艺术设计学中，这是我国艺术设计教育为适应社会发展需求而进行的调整改革。李砚祖教授在《艺术设计概论》一书中，将设计按照不同的对象分为工业设计、装潢设计、染织服装设计、室内与环境艺术设计、广告设计五大类。现代设计细分有服装设计、产品设计、视觉传达设计、环境设计、家纺设计、数字媒体艺术设计等。

一、产品设计

产品设计，也称工业设计。产品包括生产品和工业制品，包含人们日常所有的生活用品。产品设计是为了这些生活用品和工业制品，从构思到建立一个切实可行的实施方案，它包含了一切使用现代化手段进行生产和服务的设计过程。狭义工业设计概念，单指产品设计，即针对人与自然的关联中产生的工具装备的需求所做的响应。产品设计的核心是产品对使用者的身心具有良好的亲和性与匹配性。

（一）工业产品（Industrial Product）

工业产品设计是指以大规模机械化生产方式生产的设计产品，其特点是品种少规格全。其具体产品对象有汽车、空调、家具、办公用品、医疗器械、摄影器材、照明器具、电器产品等。设计旨在引导创新、促发商业成功及提供更好质量的生活，是一种将策略性解决问题的过程应用于产品、系统、服务及体验的设计活动。自19世纪工业革命以来，产业的机械化生产、自动化体制一直伴随着社会前进。由于工业设计自产生以来始终是以产品设计为主的，因此直至今天，产品设计也经常被称为工业设计。

设计与生产是细分开来的两个工序，从设计到产品的完成，在造型上追求完美的技术功能和操作功能；在表面上选择最佳处理工艺来表现和创造材料的肌理美；在外观上将造型、纹样、色彩、材料构成与审美风格协调，综合运用艺术手法使产品与其功能一致，从经济、技术、审美角度进行综合处理，符合人们对产品物质功能的要求和精神审美的需要，并兼顾市场经济等方面的因素。

（二）产业工艺品（Industrial Handicraft）

产业工艺品指以机械生产为手段，以批量生产和有次序生产为目的的半手工艺产品。产品主要有工艺品、旅游纪念品、室内装饰品等。

1. 玻璃工艺品　玻璃工艺是富有材质美、自然美和人工美的艺术。主要有日用玻璃制品和玻璃艺术品，具有工艺美术和纯艺术的双重属性。日常生活用玻璃制品有玻璃杯、玻璃花瓶、玻璃果盘、玻璃门窗、眼镜等；玻璃艺术品主要有玻璃工艺品、玻璃画等。艺术玻璃的品种分类颇为丰富，如喷砂玻璃、彩绘玻璃、雕刻玻璃、吹制玻璃、镶嵌玻璃等。由于玻璃制品通透的美感，丰富多彩的造型及千变万化的工艺技法，这些玻璃制品不仅作为生活必需品被广泛接触和使用，而且作为装饰品，也成为一般家庭美化家居生活的选择（图1-4）。

2. 陶瓷工艺品　把瓷与陶相提并论称为"陶瓷"，这种提法反映了陶和瓷都是火与土的艺术。陶器，是用黏土或陶土经捏制成形后烧制而成的器具。陶器在古代作为一种生活用品，简洁而有趣，散发着朴素美感，是最古老的工艺美术品。瓷器的主要品类有青瓷、白瓷和彩瓷，"白如玉、明如镜、薄如纸、声如磬"就是对白瓷的最好评价。"唐三彩"是唐代盛行的釉陶，色釉浓淡互相浸润、斑驳淋漓显出一种富丽堂皇的艺术魅力（图1-5）。

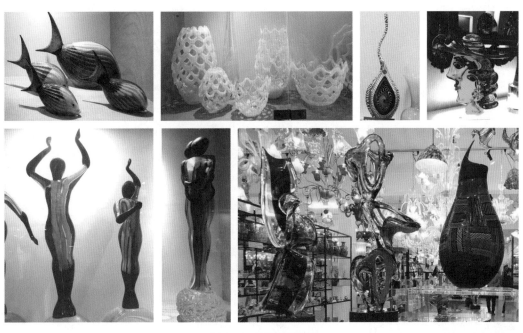

图1-4 玻璃工艺品

图1-5 陶瓷工艺品

陶与瓷的主要区别：陶器的胎料是普通的黏土，瓷器的胎料则是瓷土，即高岭土；

陶器烧成温度在900℃左右，瓷器则需要1300℃以上的高温才能烧成；陶器胎质粗疏，断面吸水率高，多不施釉或施低温釉；瓷器胎质坚固致密，断面不吸水，多施以釉色。制陶工艺从传统手工开始至现代以机械为手段的批量产品，其设计不仅包括有侧重日常实用性的日用陶瓷设计，还包括侧重欣赏性的艺术陶瓷设计。

（三）手工艺品（Handicrafts）

手工艺品指以手工来生产的工艺产品，如手工染织、手工刺绣、织锦、剪纸、石雕、雕塑工艺等，手工艺品具有精湛的技艺和独特浓郁的地域风情。

1. 手工印染 传统民间手工工艺有扎染、蜡染、木版印、手绘等，扎染色晕丰富、蜡染冰纹斑斓、木板印清新纯朴、手绘随意等，这些都是独一无二的手工手感的织物（图1-6）。

图1-6 手工扎染

2. 手工刺绣 刺绣手法很多，有雅致的苏绣、写实的湘绣、艳丽的粤绣、淳朴的蜀绣，以及现代珠绣、珠管绣、综合半立体绣等（图1-7）。

3. 手工织锦 不同地区、不同民族有其自己的织锦，如贝锦斐成的蜀锦、高贵淡雅的宋锦、华贵富丽的云锦，此外还有少数民族庄重大方的壮锦、富丽沉艳的土家锦、神秘古朴的黎锦等（图1-8）。

图1-7 绣花

图1-8 织锦

4. 手工剪纸 手工剪纸包括浑厚粗犷的北方剪纸，灵巧柔美的南方剪纸（图1-9）。

5. 手工雕塑 手工雕塑包括浑然天成的石雕、古朴的砖雕、细腻的木雕、写实生动的泥人等（图1-10）。

6. 手工漆艺 手工漆艺是传统制造工艺技术，主要包括漆器、漆画、漆塑。漆器是用漆涂在各种器物的表面上所制成的日常器具及工艺品。中国从新石器时代起就了解了漆的性能并用于制器，如酒杯、漆奁、漆棺、屏风、碗、杯、勺等，从使用开始就具有了审美价值。漆器是中国古代在化学工艺及工艺美术方面的重要发明（图1-11）。

当今受欢迎的漆画是以天然大漆为主要材料的绘画，传统绘画艺术和古老髹漆技艺相结合、同时融合了现代工艺的绘画形式，除漆之外，还有金、银、铅、锡以及蛋壳、贝壳、石片、木片等多种材料拼接涂抹制作成的立体而生动的画面，它成为室内壁饰、屏风和壁画等形式的艺术品或实用装饰品（图1-12）。

图1-9　剪纸　　　　　　　　　　　　　图1-10　泥人、砖雕、木雕

 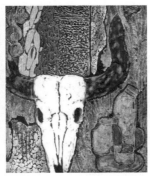  

图1-11　漆艺手镯、漆画、漆器

图1-12　现代漆画

7. 手工编结　手工编结包括自然的草编、古朴的藤编、多变的绳编和灵巧的结艺品种等（图1-13）。

图1-13　绳编、草编、藤编编结艺术品与服饰品

上述产品设计中，一般来说从构思、选材、制作、完成，一切集中于一人之手的创造程序和生产方式，个人审美和技艺是否娴熟直接影响产品的优劣。传统工艺品与机械产品相比，虽然耗时，但它有着手艺技巧的情趣和手工痕迹的美感，是人类文化遗产的重要组成部分。

二、服装与服饰设计

服装与服饰设计是人类特有的一种造型实践活动，是伴随人类造物与创形而派生出来的概念，是解决人穿衣生活体系诸问题中富有创造性的计划及行为。

广义的服装设计是对人体包装的综合考虑，包含衣服设计、纺织品面料、辅料设计、色彩搭配、装饰细节设计、发型设计、美容化妆设计和流行时尚融合等。狭义的服装设计指的只是直接针对衣服、饰品相对独立的造型和配色计划，以市场销售为目的的设计活动。纺织材料是衣服成型的重要条件，结构裁剪与工艺技术使缝制成型的衣服包装达到协调，是一种视觉的非语言的设计活动。服装与服饰设计不仅是艺术的，同时也是科学的、技术的，是有关工学、美学、市场学、社会学的一项设计实践，并且最终要受到市场的制约与检验，以产品设计或服装设计为职业的专业人员，如产品设计师、服装设计师、服装搭配师、首饰设计师。

（一）服装产品

服装作为工业产品这里主要指成衣设计。当代成衣与流行饰品，由于"流行"的作用，早就脱离小量手工生产的特性。成衣以行业分有男装、女装、童装，为成衣行业设计的设计师分为男装设计师、女装设计师和童装设计师。依品类分有运动服、衬衫、羽绒服、牛仔衣、西服、旗袍、睡衣、内衣、针织衣等。由于品牌企划和品牌形象的作用，成衣设计也跨足到一系列的饰品设计，与流行饰品设计合而为一（图1-14）。

图1-14　男装、女装、童装成衣

（二）服饰品

服饰品产品，不仅包括帽子、鞋子、领带、腰带、围巾、袜子、手套、项链、耳环、戒指、手表、手环、眼镜、伞具、打火机、小礼品等，而且包括拉杆箱、皮箱、皮包、公文包、时装包、休闲包等。在物质丰富的当代社会，饰品早就超脱了"御寒"的基本功能，进而成为表达身份的重要饰品。服饰品产业从产生、成长到现在品牌设计，作为工业产品的定位在产品设计行业中，如何将审美和市场结合，如何让艺术美与科技美、技术美结合，如何使服饰产品设计真正有引导潮流的水平，都是值得认真研究的课题（图1-15）。

三、传媒设计

传媒设计是指为了视觉传达而进行的设计。包括视觉传达设计、网页设计和数字媒体艺术设计。媒体是传播信息的工具，是推动生产的手段，是扩大流通的媒介，是引导消费的指南，是促进社会物质文明和精神文明发展不可忽略的力量。

（一）视觉传达设计（Visual Design）

视觉传达设计的功能是将产品或企业商业活动所载承的信息、概念、转化为视觉语言，进行形象、艺术的描绘，以此来感染大众的情绪，影响他们的心理，完成商业

图1-15　服饰品

运作及宣传的过程。视觉传达设计主要包括广告设计、包装设计、展示设计、标志设计（logo设计）、CIS设计、VI设计（企业形象识别系统设计）、海报设计、DM广告宣传单设计、产品样本设计、宣传手册设计、画册设计、网页设计、书籍插画绘制、贺卡设计、请柬设计、报纸、杂志排版设计和各类印刷品设计等，以视觉传达设计为职业的专业人员是商业设计师或平面设计师。

1. 广告设计　广告设计是以广告作品为标准物的设计，是通过视觉形象设计传达特定信息或某种意图的过程，通过广告创意和引人入胜的艺术表现，将文字符号、插画图片、色彩现象、广告主题等服务的信息清晰准确地传递，树立良好的品牌形象和企业形象，达到广而告之的目的。现代社会里，商品和信息的传递已离不开广告形式，我们的生活被广告包围，如手机、电视、报纸、杂志、街道广告牌等，充斥着各种各样的多种媒体形式。广告依目的可分成推销产品的商业广告、推广人或企业的形象广告、推销道德理念的公益广告等，其中以商业广告数量最多。

（1）**商业广告**：是以盈利为目的的广告。商业广告作为商品销售的一个环节，有它自己的目标市场和目标对象，这是由企业的商品或服务的目标市场所决定的。它是以付费方式通过广告媒体向消费者或用户传播商品或服务信息的手段。我国古代早就出现了广告，周代广告以叫卖为主。《韩非子》的《外储说右上》中记载："宋人沽酒者，升概甚平，遇客甚谨，为酒甚美，悬帜甚高著。"说的是宋国有一老板，善酿好酒，在酒店门口竖起酒旗，招徕顾客的商业性质的广告（图1-16）。

（2）**形象广告**：是塑造企业或个人形象以建立某种观念为目的的广告。这类广告的宣传目的是要建立或改变一个企业或一个产品在社会公众心目中的原有地位，建立或改变一种消费意识、树立一种新的消费观念。而这种新消费观念的树立，可以引起社会公众对某个企业或某项产品的青睐（图1-17）。

旧时，海报是用于戏剧、电影等演出或球赛等活动的招贴。上海的人通常把职业性的戏剧演出称为"海"，而把从事职业性戏剧的表演称为"下海"。作为剧目演出信息的具有宣传性的招徕顾客性的张贴物，便把它叫作"海报"。海报就表现形式来讲分为写实海报、漫画式海报、主题式海报等。一般都以全开、对开、四开等为常见尺寸，近年来，海报设计有大型化的倾向。海报与广告同出一辙，构成了都市景观的重要元素（图1-18）。

图1-16　商业广告

图1-17　形象广告

图1-18　主题海报

（3）**公益广告**：是不以盈利为目的，为社会提供免费服务的广告活动。如有关部门进行的防火防盗、保护森林、维护公共秩序、不要随地吐痰等广告宣传，均属公益广告的性质。全国各行各业，特别是世界500强企业，在广告上都在不同程度上投入开展公益广告活动。公益广告在全社会道德和思想教育上发挥了重要作用，如贝纳通动物保护平面广告，联合国粮食组织公益广告（图1-19）。

品牌广告传播的主要表现形式有：①户外广告：霓虹灯广告、看板广告牌、广告塔、路牌、招牌、交通标志、室内广告：海报墙、海报板、海报塔等；②宣传册广告：服装商品宣

图1-19　公益广告

传册、公共宣传册、名片、信封、信笺、直邮广告、POP广告、招贴、主题活动策划的实物或仿真广告等；③电视广告及报纸、杂志广告等。

2. 包装设计　包装设计是指商品从生产到消费者消费活动之前，所附加于商品外，用于方便传递商品、引导消费吸引消费者欲望和保护商品的装置。包装设计是以产品的包装物为标准物的设计活动。包装设计是以包装功能和作用为其核心内容，一般有两重含义：一是盛装商品的容器、材料及辅助物品，即包装物外观设计；二是实施盛装和封缄、包扎等的技术层面设计。包装包含有设计选用合适的材料，运用巧妙的工艺手段为商品进行容器结构造型和包装的有目的美化装饰的意义。商品包装可分为工业包装、商业包装和容器包装三类。一般以商业包装设计最为消费者所熟悉，是针对某一产品的包装盒、包装袋、包装纸等进行设计，服装包装还包括吊牌、织唛、手提袋等设计（图1-20）。

图1-20　商业包装系列设计

3. 展示设计　展示设计是一门综合艺术设计，它的主体是商品。展示空间是在既定的时间和空间范围内，通过对空间与平面架构形式的精心设计，使商品和品牌形象化展示产生独特的空间氛围。展示设计不仅含有解释展品宣传主题的意图，还有让观众参与其中、达到完美沟通的目的。这样的空间形式，称为展示空间；对展示空间的设计过程，称为展示设计。

展示设计从范围上可以大到博览会场、博物馆、美术馆，中到商场、卖场、临时庆典会场，小到橱窗及展示柜台（样品柜），都以具有说服力的展示为主要概念。展示设计从功能上分，有商业展示设计、文化展馆设计和专题展会设计。

（1）**展示设计所处理的内容**：主要有展示物品规划、展示主题、展示柜具、灯光、说明、标题指示及附属空间（如大型展示空间还包括典藏、消毒、厕所、茶水、休息等空间）。

（2）展示主题定位：告知性、贩卖性、庆典性、游艺娱乐性等。

（3）展示设计主要构成元素：店面设计、橱窗展柜设计、照明设计以及展品或产品陈列，专卖店与店中店地面或卖场空间布局，运用标志、招牌、陈列柜、展示台、展示桌、服饰吊架、店面陈列台、人体模特、道具陈列和背景音乐设计等。服装产品展示时，还需要进行服装搭配、服饰品组合等。动态展示还需要服装编排和模特展示表演等，以创造出最佳的卖场展示视觉效果为目的，使其在一定时间内散发出有诱惑力的特殊视觉魅力。展示设计当以反映现代流行生活式样为中心与品牌风格相协调的文化氛围，被展示的物件或概念是否因此而精彩是重点，具有艺术的美感和指导穿着、使用的现实意义。在向受众传达产品信息、服务理念和品牌文化时，促进商品的销售（图1-21）。

图1-21　服装展示与陈列

4. 企业形象设计　所谓企业形象，是社会公众对某个企业或团体综合评价后所形成的总体印象。企业形象的构成要素通过企业识别系统集中而统一地表现出来传达给社会公众。国际企业识别系统称为CIS，是英文Corporate Identity System的缩写。这是现代服装企业或现代工业、商业品牌企业、公司注重和特别关注的一个问题。企业识别系统主要由企业理念识别MI（Mind Identity）、企业行为识别BI（Behavior Identity）、企业视觉识别VI（Visual Identity）三个部分构成。在企业运营中，这些部分相互联系，相互作用，有机配合。这部分内容将在本书第七章服装品牌中详述。

5. 网页设计　网页设计是根据企业希望向浏览者传递的信息，包括产品、服务、企业理念文化等，进行网站功能策划、页面设计美化的工作。作为企业对外宣传形式的媒介，精美的网页设计，对于提升企业的互联网品牌形象至关重要。网页界面也是企业开展电子商务的基础设施和信息平台。

服装网页设计一般分为三种大类：功能型网页设计（服务网站）、形象型网页设计（品牌形象站）、信息型网页设计（门户站）。设计网页的目的不同，应选择不同的网页策划与设计方案。网页界面的构成要素主要包括：文字—标题、文字信息、文字链接；

图形—标题、背景、主图、链接按钮；页面版式，也叫页面构图—色彩及色彩的象征性；多媒体—音频、视频和动画；技术—浏览器、传输速度、屏幕分辨率、颜色显示等。网页设计时，首先充分发挥网络的优势，交互性强使用方便，让每一个使用者都能参与其中。其次，简洁实用，在网络的特殊环境下，能高效的将用户想得到的信息传送容易找到。最后，整体性能好，网站形象突出，高级的网站通过声、色、光、图形、交互等来实现更好的视听体验感受，从事这方面的专业人员是网页设计师（图1-22）。

图1-22　服装博览会展牌、服装品牌的网页设计

6. 数字媒体艺术设计　数字媒体艺术设计是运用数字技术和计算机程序等手段对图片、影音文件进行的分析、编辑后得到的完美数字作品。在设计创作过程中全面或者部分使用数字技术手段或以数字技术为载体，具有独立的审美价值，都可以归类到数字艺术。数字设计涉及造型艺术、艺术设计、交互设计、数字图像处理技术、计算机语言、计算机图形学、信息与通信技术等方面的知识。广泛应用于平面设计、三维技术的教学和商业等用途，并随科技进步被大众接受和认可，受到越来越多从业人员的喜爱。

数字设计先只用于辅助设计领域工作，诸如计算机辅助设计。20世纪90年代，由于网络发达、线上游戏、计算机动画制作的产业化等因素，使数字设计成为建筑、产品、视觉传达设计三大领域外又一个兴新的数字网络设计领域（图1-23）。

四、环境设计

环境设计是为了满足人在生活场地、工作场地和社交场地等环境更加舒适与方便的设计。主要包括建筑设计、室内

图1-23　数字艺术

设计、软装设计、景观植物配置设计、家具设计、环境空间设计、社区环境、城市环境设计等，共同构成人类生活设施和空间环境的条件。广义的环境设计是所有以空间与实体，城市设计、建筑与土木设施为处理对象的设计；狭义的空间设计是类似于以往我们所称的室内设计、景观设计，包括展馆规划设计和舞台设计等。

（一）建筑设计

建筑设计是从人们生活活动的场地角度进行设想计划的，提供既方便又舒适的空间活动的设计。在西方，艺术史始终是以建筑为主线的，因为建筑史更为明晰地附着了一个时代的艺术潮流和文化。"建筑风格最能表现某个民族或时代的一般特性。"从历史到现在，人类的生活环境条件发生了从量到质的改变，更多考虑以人为本的居住者的心情与环境。建筑设计需要解决对整体生活场所的建筑外观设计和空间设计，根据建筑设计的特点和要求对木、砖、石、金属、玻璃、塑料、瓷砖等建筑材料和涂料或油漆等材料进行正确的选择；适应人文环境特征与要求做出外墙的造型设计、建筑主体设计、景观设计等工程技术和造型装饰，需要探索建筑技术与新材料、新工艺建筑形式语言的结合，建筑设计师与工程师在技术、经济、功能和造型上共同实现建筑物的营造，探索具有美感和艺术表现力的高科技材料技术的建筑设计（图1-24）。

图1-24　雕塑与建筑设计

（二）室内设计

室内设计主要指建筑物的内部空间的陈设、布置、装饰装修，也指火车、飞机、轮船内部的装饰、照明等设计。室内设计的目的是为人塑造一个美的、宜人的居住和工作的室内空间。室内设计分实体设计和空间设计。实体设计是指地面或楼面、墙体、隔断、门窗、天花板、梁柱、楼梯和台阶、围栏或扶手以及接口与过渡，连同照明、通风、采光及家具和其他装饰陈设及艺术品陈设等问题的设计；空间设计包括厅堂、内房、平台、楼阁、亭榭、走廊、庭院、天井等设计，这里实际上是室内外环境设计要考虑一切空间组合及其带给人的心理效果与艺术审美效果。

室内设计是按照人的活动对室内使用环境各项功能要求的思考，是为人的生活、

工作、娱乐环境创造出一种具有现代文化特征和品位的环境设计（图1-25）。室内设计虽然装饰手法多样，使用材料丰富，但可以归纳为四个方面：即空间设计、装修、室内物理环境和室内陈列等。

图1-25　室内空间设计

1. 空间设计　空间设计是有关建筑物空间结构的总构架的设计方案，主要解决室内空间尺度与比例协调等结构问题。

2. 装修　装修是按照空间结构整体设计后，进行墙面、地面、天花板、间隔等具体施工的实施。

3. 室内物理环境　室内物理环境是设计解决室内通风、保暖、温度调节等方面的功能性设计，这是保证室内环境质量的重要方面。

4. 室内陈列设计　室内陈列设计包括家具、灯具、织物、艺术陈列品、绿化植物等方面的设计思考等。

（三）城市设计

城市设计是指确定一个城市的活动与目标的总体空间布局，使其具有吸引力并使人感到赏心悦目。包括环境景观、园林景观、市政工程、建筑设计。城市设计不仅是对街道、建筑和绿化做具体的艺术设计，而且成为一个地区或一个国家范围内配置的空间艺术，其主要内容有：城市性质定位、城市功能选择、城市发展理念、城乡空间发展目标、城市空间发展方向与城乡空间布局、人居战略、人居空间目标等设计工作。

图1-26　城市规划设计

城市设计复杂过程在于以城市的实体安排与居民的社会心理健康的相互关系为重点，通过对空间及意象的处理，创造一种物质环境，既能使居民感到愉快，又能激励其城市社区精神。城市设计概念已从较为单纯的美学考虑发展为广泛的综合环境质量追求，创造出具有美感、时代感和整体感的城市环境艺术，使人的一切活动与地球和谐相处（图1-26）。

第四节　服装设计学的研究对象

　　服装设计学需站在一个学科高度或者说在整体上对服装设计的方方面面给予全面的关注。不仅以一个人、一个群体为对象来设想计划他们的衣服和着装，也不只是解决视觉上可以感知到的形和色关系问题，它是研究包括思维方式、生活方式、使用方法等看不见的部分，以及历史的、现在的与未来的状况与发展，是服装设计师追求心灵、追求形态美的物化表现方式和整个设计、生产、展示至销售的全过程。服装设计是艺术与技术、科学与应用、流行与生活、企业与市场、生产与消费之间的桥梁，是促进社会经济增长的工具。严格意义上的服装设计学是带有边缘学科的性质，因为它与人体工学、艺术学、技术学、流行学、社会学、史学、美学、心理学、市场学、管理学等相互联系渗透，反过来说，研究服装设计学必须具备上述各学科的基本知识。

　　服装设计学包括了以人为中心的设计理论、设计方法与设计规律的管理研究，是具有功能性、艺术性、创新性、相应的科学技术与市场经济意义的设计管理工作，这个定义对服装设计学的本质有着深刻的理解。服装设计学作为一门专门的理论毫无疑问有着自己的研究对象，是研究有关"衣物"的历史与创造，分析、解决穿衣人与衣服之间的各种现象和问题，这是对服装设计学其他研究问题得以进行的基础和前提，是服装设计学能够得以产生和存在的历史依据和现实依据。服装设计学作为一门独特的物质文化行为，是既有自然科学又有人文科学色彩的综合性的科学。服装设计学虽然是一门新兴的学科，理论有待完善，但可以依据其独特的研究对象，对其研究范围从体系和原理上进行分类，具体如下：

一、服装设计学的视野

1. 从自然科学的角度看

　　（1）**衣物的实用价值**：衣物的实用价值包括：衣物的目的用法、起源机能、环境效果和生活论等。

　　（2）**衣物构成的产业链**：纤维产业——原料、纺织、染色、织造、后整理；制衣业——材料与加工；造型——款式、结构构造、材料图案、质感等；贸易—市场营销、渠道、买手、零售等。

　　（3）**衣物的价值**：作为商品在生产、流通、销售、消费中的经济价值与审美价值，以及产品的附加值。

2. 从人类文化学的角度看

　　（1）**衣生活的变迁**：衣生活变迁涉及变迁的各种规律，如风俗史、服装史、材料

史、造型史等内容。

（2）**衣生活的状态**：衣生活即人穿用衣物的行为。从个体生活和社会生活里，分析如何使用这些衣物，如何处理和经营这些衣物，以提高生活效率和个体生活实践。另外，在社会环境中分析人与衣的关系，如何应用服装适应社会环境而产生的社交礼仪、装饰、风俗、流行等现象，包括对服装社会学、心理学、教育论、着装学、服饰论、气候学、卫生学、服饰美学等内容关联。

（3）**衣物管理**：衣物管理是从管理学、经济学、物流、商品学、衣物整理学以及衣物类别等方面研究衣生活的状态。

（4）**服装设计源流**：服装设计源流涉及服装设计师和服装品牌等方面。

服装设计学的研究范畴，已超越了单一的功能性的研究，而纳入并成为社会的科学技术文化和艺术的重要组成部分，服装设计学的这种多元性和交融性的特征，决定了其研究范畴是多层面、多角度、多方位的系统工程，只有认识到这一点，才能使我们对服装设计学这门新兴而又古老学科有较为全面的把握和理解。

二、服装设计的研究对象

现代意义的服装设计，体现科学技术与艺术的有机结合，在创造美的物质形态同时，还创造新的物质文化和生活方式，为人提供产品、生活情景与人生美的境界，这是服装设计学赖以生存发展的基础。设计衣物到完成衣物还需选择适当的材料、设计相应的结构工艺、裁剪方法，实物化的完成过程有赖于一些基本条件，而很多设计中的因素由于这些条件而使设计具有多种方法或产生多种表现形式的可能。研究这些对象条件对服装设计学研究方法的理解和掌握很有必要。研究对象主要包括：

1. 自然人的外形　服装设计以对人的研究为起点，也是以对人研究为终点的。作为自然人，人有不同的人种的特征，人有体型、肤色、年龄、性别、发型、脸型的差异；而作为社会人社会的类的存在，还因不同生活经历、经济地位、文化修养而产生性格、气质、文化差异及价值观、审美观差异等。

2. 社会人的心理　心理学是文化的集中表现，是研究人为什么那样思想、那样行动的行为学问。服装心理学是心理学一个分支，对个体水平进行研究的内容有：个体服装社会化过程，服装在礼仪交往、社会发展、工作家居等对个人的影响和需求等。因为一个人、一个地区或一个民族所接受认同的宗教、习俗、道德和发展起来的科学、艺术、审美是不尽相同的，对服装的喜好、色彩、衣着形制都会有不同。关注这些依存于一定社会文化条件的衣着动机，保护、遮羞、审美的发生发展规律等，服装心理学还与伦理学、美学、装饰的研究有密切关系。

3. 生存生活环境　地理是人赖以生存的环境，自然环境将会直接影响到一个地区的服装特色。如冰岛人常年穿的是裘皮服装，而非洲人总是赤膊单衣短裙并赤足。人类除了受到热带、温带、寒带等不同气候影响外，还会遇到气候温暖、炎热和寒冷的变化。在漫长的生活历史中，人类懂得和掌握这个年复一年的自然规律，并逐步形成适应不同气候的各种服装。

4. 经济条件　社会经济的发展促进服装的发展，缝纫设备的发明使工业化成衣成为可能。人们的消费能力与消费观念与经济条件有着直接的联系。人们常说"人靠衣衫马靠鞍"，人可以通过服饰装扮，使人变得更加有气质。除了衣服鞋子之外，一些小的配饰也可以反映出个人的消费理念和经济实力，或者一个区域、一个国家的生产力发展、社会经济繁荣和国民生活状态。

总之，服装历史的演化轨迹、服装设计理论形成、服装设计方法与技巧的探讨、服装流行的规律、服装审美与鉴赏、服装评论、服装设计师、服装表演与展示活动等现象都是服装设计学涉及的基本内容范畴和探讨研究的对象。服装设计学就是从整体综合的角度来认知服装的形成与评价的条件。在研究与学习中，服装设计学既可以运用自己特有的方法进行研究，也可以借鉴哲学、社会学、美学、心理学、市场学、信息学、流通学和设计学的方法进行研究，与其他学科结合起来形成服装设计学研究的边缘地带或者形成新的交叉学科，如服装社会学、服装美学、服装市场学、服装心理学、服装信息学、服装设计管理等。了解这些，才能在本学科中较全面地掌握服装与服装设计的知识结构全貌。

💡 **思考与练习**

1. 你知道服装设计学研究范围与对象吗？
2. 简述艺术设计的分类，服装设计以什么方式分类比较合理？
3. 衣物有哪些价值？

服装设计学的特性

第二章

课题名称： 服装设计学的特性

课题内容： 1. 服装的基本性质
2. 服装形象的要素
3. 服装设计的多重性

课题时间： 2课时

教学目的： 通过本章的学习使学生认识服装设计
学研究的性质、服装的性质、设计的
性质、服装形态与人的装扮，了解服
装设计学的特性等。

教学方式： 课堂讲授、课堂提问。

教学要求： 掌握服装与设计的性质特征。

课前（后）准备： 课前可根据知识点预习，课后
完成思考与练习。

设计是一种文化的创造，文化从广义上讲是指人类社会在历史实践中所创造的全部物质财富和精神财富，具有物质形态和意识形态的双重性质。服装设计就是围绕人类生活中服装与人所产生的种种问题进行探索研究，如果说服装本质是要具备功能性、技术性、审美性、视觉性、实用性、创新性等特性，那么，服装设计就是创造一个美的身体环境和社会环境，是能够使人的生活实现更加美好的终极目标的设计实践活动。服装设计学是科学技术与艺术结合的产物，作为有形文化的物质载体，服装所呈现出来的是文化形态的属性，并具有艺术和科学技术含量的特性。

第一节　服装的基本性质

一、服装的物质性

服装的物质性是服装的基本属性。从古至今，衣食住行，衣者先行。服装之于人，其特性不言而喻。衣物是由纤维纺织材料加工而成，衣服的物质性是服装成立不可或缺的基础。人类的文明离不开衣物，从古至今，人类未停止对服装的物质性追求与研究。在工业化的服装行业内，衣物的物质性标准要通过公正仪器的检测，在纺织测试领域，面料要符合安全和质量标准，对面料的有害物质、禁用染料、重金属的生态纺织品及化学成分进行测试；对纤维成分、尺寸稳定性、扭力弹性的回复和缩水率性能及磨损或起球方面进行分析。在服装检测方面：对衣物色差测试、耐摩擦色牢度检验、对称与尺寸检验、徽标印花和标记牢度黏合牢度测试、织物克重测试、扣件往复疲劳测试和拉链质量测试、防水性能、透气性测试、护理说明标签、条形码扫描测试、全棉服装需要燃烧性能测试等，对服装材质和做工进行多种检测和测试评估，使纺织品材料和衣服符合国家质量标准以及目的地国家的规定（图2-1）。

图2-1　纺织品测试

现代人更加重视衣物材质的舒适度、安全度，不仅要求图案美观、色彩符合需求，而且对品牌文化及给予人的体验等要求更高。服装作为商品要受到市场的无形检验，市场检验的主体当然是消费者。因为服装物质属性的使用价值是由服装交换价值的物质承担者或客户来体验和评价的。它像一面镜子反映着产品的品质，也反映社会物质生产，物质技术水平与社会生活的发展状况，并且时时受到生产力发展水平和最新科技成果的影响。从某种意义上说，服装的物质属性是社会生产力发展水平的重要标识。

二、服装的使用性

服装的使用性也称实用性，是人着装的主要目的和主要功能。服装是人体的外包装，对于人而言服装是人的外部环境，这一外部环境或者说衣生活环境主要受到自然环境和社会环境的影响。服装的实用性对于人自身来讲是衣服的使用性价值的问题，这一价值主要是指关乎人体生理机能的需要和身体保护的需要。在自然气候与人的关系中，温度、湿度等因素并非各自单独存在，而是相互关联综合在一起影响着人的生活。前者是对应于自然界气候的变化，补足人体生理机能的缺陷，使身体保持快适的状态，或者说是为了调节体温，人穿用了衣物；后者是在生活中，对应于来自外界的危害，为了保护身体，人穿用了衣物，这就是服装对于人的使用性价值或服装的基本功能。例如，土木建筑、煤矿、电力生产和电工制造等工地工作时所需要的安全帽、口罩、手套、靴子，粉尘工作用护目镜、口罩等劳动保护用品，运动员用的各种头罩、护漆、腰封、护腕等运动时防护或保护身体部位的用品，做农活时为避免农药危害的防毒面具、套袖、绑腿等，还有防暑服、防雨服、防风服、防高温作业服及其他各种工作服等。

服装的实用性里包含了对人体的防护性能，特殊使用功能的服装是在特殊环境用的服装。例如，高科技航天服是保障航天员的生命活动和工作能力的个人密闭装备，可防护太空的真空、高低温、太阳辐射和微流星等环境因素对人体的危害，是一种多功能服装；防寒服则是南北两极考察用的服装；衣服是为了人适应不同环境而产生的，对应于各种目的及用途，服装需要考虑调节身体体温和保护身体等这类具有很强的使用价值的属性（图2-2）。

从健康和卫生的角度来考虑，服装还具有防止内部污染和外部污染的功能。因为人穿用衣物之后，衣服就能吸收皮肤表面出的汗、分泌的皮脂附着在皮肤上所形成的内部污染物。外部污染是指灰尘和其他污染物对皮肤的污染，而穿了衣服以后可以防止这些污染物直接附着于皮肤表面。从医学角度来讲，皮肤表面始终保持干净，才能保证皮肤的健康，这也是服装性质所决定的基本功能之一。

另外，服装须有适合身体活动、满足和提高人的活动效率的功能。所有服装在设计制作时，都需考虑人的活动量的要求或是否适合人体结构和身体活动效率，考虑人在大步行走、运动、锻炼、劳动等剧烈活动时的基本需求量和最大活动量与服装形态的关系。服装要健康舒适、适合身体活动，这是现代社会人的需要。

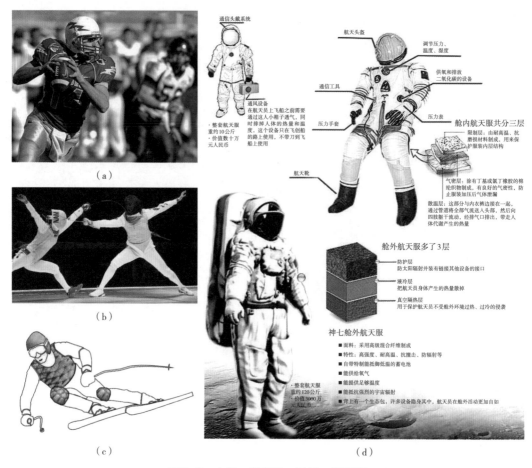

图2-2　击剑、橄榄球、滑雪、航天服

三、服装的文化性

　　服装文化是现代文化的有机组成部分，它同商业文化、品牌文化、流行文化、审美文化、宗教文化等文化形态一样是现代文化有机的组成部分，对人的思想理念、价值观念、行为方式产生着深刻影响。服装作为一种穿着行为和文化习惯，所涵盖的文化性反映在四个方面：

　　1. 社会文化　服装文化是一种大众文化形态，是一种被物化了的社会文化，其社会性表现在人与人沟通、人与社会交流、人与环境社会活动中的媒介性能。没有服装，人们便不能进行正常的生产劳动和社会活动，这是服装一般的或根本的社会性意义。

　　社会文化可以理解为是一个社会群体的不同成员中约定成俗的思维模式和行为模式，包括人的价值观念、信仰、态度、道德规范和民风习俗等。正是这些无形的文化因素，使存在于特定社会文化环境中的个体，其认识事物的方式、行为准则和价值观都会存在差异。譬如，甲民族认为是美的衣服，乙民族未必认可；花式色彩的商品，山村居民十分喜爱，城市居民却未必接受；同一种消费行为，在这方土地上是习以为常的，在另一方土地上则可能被认为是不可思议。因为地理环境和经济发展的差异，形成了地域性、民族性的差别，反映在服饰上就有着"十里不同风，百里不同俗"的生活方式和风俗习惯，我国五十六个民族就有着五十几种不同的服装形式。所以，服饰文化的社会性带有鲜明的民族性与地域性特点。从某种意义上说，一部人类服饰史也是一部形象化了的社会文化发展史。另外，服装的发展还折射出了社会的变更、文化运动、艺术思潮等历史态势。服装的工业化生产更是一个国家或地区国民经济的组成部分，服装作为一种商品或社会消费品，具有相应的社会性（图2-3）。

图2-3 服装的文化性

2. 礼仪文化 中国是举世闻名的礼仪之邦，向有"礼仪三百，威仪三千"之喻。在现存历代史籍中，有关礼仪、礼典、礼制和礼教方面的著作特别丰富，与这些礼仪活动相适应，便记载有各种冠服制度。如祭祀有祭服、朝会有朝服、婚嫁有吉服、从戎有军服、服丧有凶服等，穿着时一点也不能搞错。在"三礼"《周礼》《礼仪》《礼记》中记载了等级森严的服饰礼仪制度，从而形成了中国服制的一整套传统的具有独特意义的着装礼仪文化，使中华服饰文化具有特别重要的世界意义。文化人把服饰当作人的仪表之尊、德尚之表和情感世界的外化。在人与人之间，特别是君臣之间的交流，保持礼节，或显示品格，或表示敬意，推崇"文质彬彬""衣冠楚楚"等服饰观，而且，交往中很注重表现出有风度仪表的服饰外观。其实，现代人也无一例外，因为礼仪文化是社会文化的基础，人们注重仪表。出众的形象，一方面可以体现出人的文明涵养，另一方面也表现出成功或地位。仪表美之所以吸引人，是因为它涵盖了人作为社会人全部的美，将人的内在美与外在形象美有机的统一在一起，不仅给人以视觉上的享受，而且给人以人格上的尊重和品格的力量。在2008奥运会上，中国用饱含浓重的中国元素和寓意纹样在颁奖环节表达了"玉带祥云""青花瓷"及"中国红"等颁奖礼仪服装。

3. 文化的消费 服饰文化成为现代人生活方式的内容之一，也成为现代人衣着消费的主要价值取向，服装消费行为越来越成为一种与修养有关的文化行为。人们的价值观和消费观的变化，使越来越多的人把服装的消费理解为是一种文化的消费，与观看电影、欣赏艺术作品划为同类。当今消费者，特别是年轻人追求服饰品位的意识越来越强烈，消费服装不只是一种纯物质性的消费，更是一种文化的消费，格外注意对

服饰的认知和评价，并在评判服饰的过程中获得一种满足感。同时，人们对服装的价值标准也发生着根本的改变，过去顾客追求的是商品的性能和质量，看重的是实物价值。当下，人们主要是追求自我感觉上的愉悦，对服装的品牌、设计、服务和卖场的情调更为重视。在时代经济特征以无形价值代替有形价值的特征中，物质本身的价值在成本中的比例变得越来越小，而物质的无形价值或附加值的含量则越来越高。服装是时尚文化的载体，服装文化也是时尚文化的重要形式。消费者所选择的不仅是产品的质量及信誉，更是选择服装品牌传达的文化个性和一种文化韵味。

4. 品牌文化　企业的品牌文化经营是一项有意义的企业文化创建活动，像许多世界知名的品牌——可口可乐、英特尔、戴尔、麦当劳、苹果、华为等，都具备文化属性。当企业家开始建设品牌时，文化必然渗透和贯穿其中，并发挥其无可比拟的作用。品牌文化是品牌的必备属性，它通过品牌建立过程充分完整地呈现出来。事实上，服装品牌的社会经济功能来自其内在的价值、文化和个性的综合，文化就是体现品牌理念应有的精神支柱。

服装品牌的精神支柱是服装品牌用先进的思想理念来作为文化支撑，企业间的竞争由简单的商品竞争、质量竞争进入品牌竞争时代，塑造优势的品牌形象已成为越来越多的服装企业的战略目标。

服装企业作为与消费者密切相关的企业，其最高目标、经营思想、经营哲学、经营发展战略及其管理制度是企业综合文化的体现。从服装品牌的经济价值来分析，每一类服装品牌都是企业的经营观、价值观、审美观等观念形态以及经营哲学、经营行为的总和，是服装企业形象的集中体现。因为构成服装品牌实物形态的各种要素中，一方面体现了服装设计师的文化情结和情感氛围，另一方面反映了服装企业管理者的质量意识、服务理念和服务艺术，所有这些无形因素都集中表现在构成服装产品的品牌文化之上。

服装的品牌文化理念是随着品牌形象的推出形成的，品牌形象是围绕着具体的产品进行包装和展开的。因此，服装的品牌形象是体现品牌总体面貌的完整架构，它包括产品形象定位、宣传形象定位、卖场形象定位和服务形象定位。具体来说，产品形象是指服装产品的样式和风格，品牌形象是以产品为核心而展开的系统形象；宣传形象是指通过媒体展示给公众的品牌信息；卖场形象是指品牌产品销售场地的环境与格局，商店形象不仅来自消费者对商店的功能性特征，也来自对非功能性；服务形象是指品牌的售前售后的服务状态，是品牌员工在经营活动过程中所表现出的服务态度、服务方式、服务质量、服务水准及由此引起的消费者和社会公众对品牌的客观评价。

服装品牌形象应是服装设计关注的重要内容之一。一个品牌或一个企业就是从这四个方面在市场上建立起自身品牌形象，从而让消费者认知，让社会认可。服装品牌产品的价值大小反映了社会对其品牌和企业的认可度，被消费者广泛认可的服装品牌自然拥有较高的市场营销能力，这是一种体验性质量。在国际服装服饰博览会上见到很有文化品位的装修展位，使同样的产品在商店柜台里摆放和在展览会环境特定氛围里摆放给人以不同的体验，带来不同的经济效益，其直接体现就是订单或加盟销售协议。如果一类产品进入了沃尔玛、玛莎、杰西佩尼等跨国连锁超市，就说明这一类设计产品能适应的是一种不太强调个性化的大众生活方式的群体；如果一类设计品牌在纽约第五大道或巴黎、伦敦精品厅站住脚，说明这类设计师已经熟悉那里的生活体验；如果设计的产品在北京王府饭店、国贸中心店，不需要打折就站住了脚，说明品牌已熟悉了中国高档消费人群的生活方式。很明显，树立品牌形象，按照品牌方式运作的品牌企划，其最终目的是为服饰品牌注入活力，建立品牌形象和品牌的文化经营。

四、服装的象征性

服装的象征性具有个性作用和社会性作用，主要体现在以下两个方面。

1. 服装的精神性　服装的精神性是通过消费者的心理体验来完成的着装风格。如青春亮丽、端庄成熟、性感妩媚、新潮前卫、动感活泼、自然恬美等，服装的这种精神性文化内涵是表现个人自我形象，或理想的社会自我形象，或企业代言人形象的精神写照。这种心理体验和心理作用是通过服装体现的风格和个性来完成的。例如，穿着著名设计师设计的高级服装，会有种独特的优越感和自信；又如出席会议穿正装、早锻炼穿运动服、外出旅游穿休闲服、参加宴会穿礼服等，不同的场合穿着不同的服装，体现出一种个人精神内涵、修养、实力与品位等。当代年轻人对这类精神性体现更加突出，如服装流行的前卫风格，就演绎了从20世纪50年代到90年代以来的叛逆精神的街头文化，表现出有50年代"垮掉的一代"，60年代的"嬉皮士"，70年代的"朋克"，80年代的"雅皮士"，直到90年代的"X—族"的亚文化思潮等。前卫的服饰风格成为他们反主流的一种精神象征，反映了反叛心理、以自我为中心的一代因对现实的失望厌倦，只好冲出传统文化，在亚文化圈子里寻找其精神寄托的社会现实。他们不断用自己创造的前卫时尚展示着自我魅力，满足穿衣的逐新心理，譬如冷漠的表情、摩托车服、够气势的哈雷摩托车，甚至发烫的排气管及长筒靴、墨镜、半截手套、皮衣皮裤和带有铆钉涂鸦刺绣的夹克等，这些与众不同的装扮方式和细节，追求"酷"的外在形象，更注重这些包装与心灵状态相匹配，与自己追逐的标新立异、时尚前卫的风格相融合。这类精神性的需求与表现，也是服装装饰性心理作用的一种表现（图2-4~图2-6）。

2. 服装的标识性与象征性　服装的标识性是着装的目的之一，在社会生活中人们为了识别地位、职业、身份、性别、年龄等标志而穿用不同的服装。其实，服饰最先担负的社会职能应该是标识作用。起初被利用为部落的标志，或族长展示雄姿，或

图2-4　叛逆的嬉皮服饰　　　　图2-5　"朋克"风貌　　　　图2-6　"X一族"服饰风貌

同一部落的人证明自己的归属。随着部落内部成员关系的分化，等级观念的产生，人们也开始用服装外部装饰的不同来作为不同层次的部落成员的区别标志了。十二章的配置与色彩的规定，是服装的初步区分和象征性的社会性作用。古代服制的标识与象征性还突出表现在各朝代的服饰制度颜色和图案的规定。在周代，有天子"玄冠黄裳"的规定，这是因为天子授命于天，所以应合乎天地玄黄之色。诸侯大夫则必须着冕服，是古代帝王臣僚参加重大祭扫典礼时所穿戴的套衣总称，包括衣、裳、佩带、鞋、礼帽（冠冕），后来有"冠冕堂皇"之说。"唐代品色服"，唐代是以颜色来划分官员品级服装的，规定不同级别的官员穿不同颜色的服装，各级官员严格穿各自的服装品色，不可混同。如级别为三品官员以上服紫袍，四品深绯袍，五品浅绯袍，六品深绿袍，七品浅绿袍，八品深青袍，九品浅青袍等。官服制度在明清时代越来越完善，"明代补服"，即是在袍服的前胸后背上各缀一块补子，补子上绣有各种图案，用补子图案进一步区分标识官员的级别，如文官补子图案为禽鸟，如表2-1和图2-7所示。

表2-1　补子与明代官服

品级	一品官	二品官	三品官	四品官	五品官	六品官	七品官	八品官	九品官
文官补子	仙鹤	锦鸡	孔雀	云雁	白鹇	鹭鸶	鸿鹀	黄鹂	鹌鹑
武官补子	狮子	狮子	虎豹	虎豹	熊罴	彪	彪	犀牛	海马

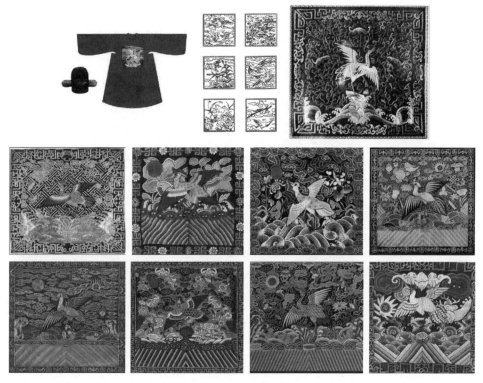

图2-7 官服的补子纹样

社会阶层各式各样的着装能够看出不同的身份、地位、形成某种象征，成为人们在公共场合保持礼仪、风俗习惯等品性、品格的标志。历史表明，服饰艺术是社会文明的一面镜子，也是国运盛衰的一种标志。

现代服装标识象征性突出表现在各种制服上。我们可以从各种制服和团队服装上看出着装者所属的部门，如陆、海、空三军佩戴统一制式的帽徽和胸章，也是中华人民共和国成立后我军统一制式、统一标准的军服，大檐帽、常服肩章、礼服肩章和领章。禁止在装饰物品、商业广告或有损于军徽庄严的场合使用。

制服的统一制式，有着鲜明强烈的标识作用，特别是附属于制服上的肩章、臂章、胸章、饰带等服饰品，具有整齐划一、庄重严肃、纪律性、类型性、规范性的特征。当这些职业制服为职业人所穿用时，可表示出着装者的所属职业、阶层、任务和行动的威严性与严肃性，这时服饰便具有了标识与象征的作用。

第二节　服装形象的要素

服装造型形象是由服装的原本款式（A）着装的人（B）和着装方式（C）三者结

合完成的结果。在这ABC三个因素中，任何一个因素发生变化都会带来服装造型形象的变化和着装结果的不同。即A和B不变，C着装方式变化，由于穿法不同，效果会不一样；或BC不变，A服装的原本款式变化，不同的服装就是相同的人穿其效果也会不一样；或AC不变，B着装的人变了，相貌不同、身材不同、气质不同，即使相同的服装、相同的穿法，也会是不一样的效果。这些着装引出的种种问题，就是设计要解答研究的根本问题，设计学概论的学习，则从以下三个方面来了解服装形象造型。

一、服装款式

（一）一件式

一件式是指服装外形上下连在一起的全身衣。如古埃及的罗布（Robe）、古希腊的黑买香（Himation）、拜占庭时期的帕尼姆（Palium）、土耳其式长衫以及我国旗袍，现代连衣裙和垂曳式晚礼服等（图2-8）。

（二）二件式

二件式是指服装外形上下分开即上衣下裳的样式。如上衣和下裙或上衣和裤子的二件套装式（图2-9）。

（三）体形式

体形式是指衣服造型符合人体造型的结构样式。如西服、中西式上衣、旗袍等，是用西式裁剪方法制成的，在衣身肩部和袖窿处均有结构线缝合而成的合体平服的样式。这种类型的服装，一般在较为正规的礼仪场合穿着，是国际通用的穿着方式（图2-10）。

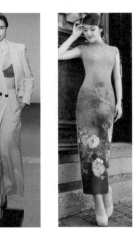

图2-8　一件式裙装　　　　图2-9　二件式套　　　　图2-10　体形式

（四）宽松式

宽松式是指衣服造型较为宽松的样式。如夹克衫、休闲服、运动服、家居服、睡衣等，这类型服装一般在休闲场合穿着（图2-11）。

（五）前开式

前开式也称门襟式，指衣服的开襟形式是在前面的样式。前襟式服装是从套头式发展起来的，把套头式服装的两肋部分缝合，为了便于穿脱在衣服前部的中间开口。我国少数民族男子服装多是前开衫式样，中东土耳其的长袖衬衫、日本的和服属于门襟式服装。现代生活中，假叠层式服装、对襟毛衣、夹克衫等都属于门襟式（图2-12）。

（六）前封式（后开式）

前封式是指衣服的开襟形式在后面的样式。这类服装主要是一些工作装、医护人员的服装、学龄前儿童的服装样式（图2-13）。

图2-11　宽松式夹克、休闲服和运动服

图2-12　前开式（开衫）上衣　　　　图2-13　后开式工作服

二、着装方式

人类穿用衣物方法是根据穿衣的具体动作决定的。穿衣动作和穿衣形式分析如下：

（一）穿衣动作

穿衣动作从方向上分有自上而下，如戴帽、披斗篷、套大衣等；自下而上，如穿裙子、裤子、袜子、鞋等。从穿着方法上分有缠裹、包扎、穿戴、垂吊、挂扎等。从固定手段上分有打结、系扎、扣别、钩挂、粘贴等。从整理手段分有合上、打开、折叠、多层、撩起来、卷起来、提起来、拖着、飘着等；从脱衣的动作分有解开、脱下等。人类形成的这些习惯性穿衣动作和方法使着装形态变化万千。

（二）穿衣形式

依据穿衣动作将着装形式分为五种：

1. 遮盖式　遮盖式是把人体某特定部位遮掩起来的穿着方式。人们用衣物遮盖肌肤是以礼节和社会的伦理道德为基准的，因时代、民族、风俗习惯及场合的不同和变化，其遮盖的范围程度也不同。

2. 贯头式　贯头式也称套头式，这种形态是将长方形或椭圆形的布中央挖一个洞的贯头衣。如古罗马的帕纽拉、斯多拉、丘尼卡、法衣，南美土人的乓乔、古希腊的多利安式基屯和爱奥尼亚式基屯（Ioric Chiton）等，都是用两块布合起来在肩部固定两点，让头从这两点之间穿过去或头从筒状的布中间穿过去的贯头衣，如同现代流行的T恤衫等（图2-14）。

3. 缠裹式　缠裹式是指以长方形或半圆形的布，用包裹和披挂的穿衣方式。如古

罗马男子的托加（Toga）、印度妇女的纱丽（Sari）、非洲土人的托贝（Tobe）以及原始型的腰布（Loin Cloth）等。包裹型是指穿上前开式的有袖子或没有袖子的全身衣，在前襟扣（或不扣）或用带子扎起来（或不扎）的着装方式所形成的着装形态。其特点为前开、左右襟相压，把身体与下肢同时包裹起来，这种着装形式是针对外界物象和环境气候所采取的防护手段，具有实用的机能和生理卫生及生活活动上的作用（图2-15）。

4. 系扎式　系扎式是把绳、线、细带等线状材料系扎于人体某部位，如腰部、颈部、腕部、腿部等，这种类型的着装方式多见于热带土著民族常用的纽衣类。这种着装形式是针对外界环境气候所采取的防护手段，具有实用的机能和生活活动上的作用。现代设计师运用传统的着装方式进行了新的缠绕系扎

图2-14　贯头式服装

式诠释，并在时装中应用了这种手法（图2-16）。

5. 装饰式 装饰式着装方式最早见于原始时期或现代原始民族的着装形态，当今更多用于现代时装中，具有在美化机能和丰富精神及物质生活的作用（图2-17）。

图2-15 缠裹式服装

图2-16 系扎式时装　　　　　　　　图2-17 装饰式时装

三、服装构成要素

服装的构成有三个要素，即服装款式、服装色彩和服装材料。服装设计作为造型艺术的一个门类，有着自身的设计规律和艺术语言，就其最本质的功能来看，它既不同于文学艺术形式，也不同于绘画艺术形式，虽然在设计时需要用文字描述设计概念和设计主题，用效果图表现出服装造型样式，在以具体的人作为设计对象的过程中，如何用服装材料工艺技术来完成款式造型的艺术处理将从属于具体人的实际需要，以人作为造型对象，以物质材料为表现手段的艺术形式。这也是服装设计区别于其他纯艺术形式的实质所在，同时，更是我们研究服装造型设计审美的一个重要出发点。

（一）款式

服装最终是由款式和结构造型体现出来的，服装的款式造型是由衣服的廓型与内结构线的设计，即服装外部轮廓与内部分割线、结构线的完整设计组成，这是服装设计的重要环节。从造型学来分析，任何造型都是由点线面构成，服装造型更是离不开点线面的装饰。换句话说，凡视觉感知的美的形态，都由一定的线条构成，直线、曲线有不同的审美特性。概括起来看：长而曲的线条秀气、柔媚，运用到服装上会产生轻松、飘逸之感；粗而短的线条笨拙、钢硬，运用到服装上就会产生就会产生另一种硬朗感觉；在服装上多种线条的有规律的组合，可以塑造出整齐一律的审美感受；而不对称自由组合的线条则表现一种凌乱的美态。服装中点、线、面的变化，是根据设计的目的与特性和服装结构来设计完成的（图2-18、图2-19）。

图2-18　服装造型点与线、线与面设计应用　　图2-19　服装造型点与面、线与面设计应用

（二）色彩

色彩是指服装的选用色和搭配色后组成的色彩调性。色调是创造服装的整体视觉效果的主要因素，从人们对物体的视觉程度来看，色彩是最先进入视觉感受系统的。色彩一般分为无彩色和有彩色两大类，无彩色是指白、灰、黑、金银等不带颜色的色彩；有彩色是指红、黄、蓝、绿等带有颜色的色彩。人的色感可用色彩三属性——色相、明度、饱和度来表示，在服装颜色搭配中，有基于明度的浅色系配色、中等明度配色和深色配色；基于饱和度配色有明艳色配色、含灰色配色和低饱和度配色；基于色相配色有红色调配色、蓝色调配色、绿色调配色和紫色调配色等。不过色彩三属性毫无差异的同一色彩会因所处位置、背景物不同而给人截然相反的印象，即色彩会依附材料的肌理而产生变化，这在服装选用材料上显得非常重要。色调一般分为暖色调、冷色调、中性色调、明亮色调、柔和色调、深沉色调等类别，色彩搭配应突出色调的倾向，或以色相为主，或以明度为主，或以纯度为主，或以冷暖为主，使某一主要颜色面处于主要地位和主要面积。一般情况下，高纯度、高明度配色显得华丽明快活泼，低纯度、低明度配色显得朴素宁静（图2-20）。

图2-20　服装色彩色调

（三）面料

　　面料是体现款式的基本素材，无论款式简单还是复杂，都需要用材料来体现，材料的外观肌理、物理性能以及可塑性等都直接制约着服装的造型特征。材料的设计运用已成为服装设计中的一个重要因素。可以说，设计更多的是从材料本身的性能中寻求服装造型的艺术效果，在某种程度上这就取决于设计师对材料的理解和驾驭能力。

　　在设计之前，考虑面料的功能性是非常必要的，如面料的悬垂性、手感、质地、颜色、图案、表面效果等是否符合服装的美学要求。面料的性能方面，如面料的透气性、起毛球性、色牢度、防寒防水性等是否符合服装功能要求。从这个角度对材料进行研究和选择，将涉及材料的外观对人的心理效应和生理效应，由其色彩、图案、质感、肌理引起的视感、触感的影响以及材料之间的组合。

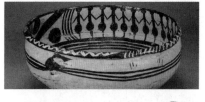
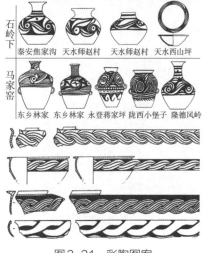

　　1. 图案　任何物体上的纹样，都会给物件带来不同的风格印象，如由历代沿传下来的具有独特民族艺术风格的传统图案。

　　（1）原始图案：中国原始社会图案以西安半坡彩陶图案为代表，图案题材广泛，有人物、动物、植物、水波、火焰、编织纹、几何纹以及原始宗教纹样等，造型拙稚，线条粗犷，风格质朴生动，图具有鲜明的层次和节奏感（图2-21）。

图2-21　彩陶图案

图2-22　楚汉漆器图案

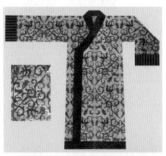

图2-23　楚汉直裾织锦图案

图2-24　民间五毒虫

（2）**古典图案**：是古代流传下来具有典范性的图案，主要有商周时期的青铜图案，战国时期漆器、金银器、刺绣、织锦、印染等图案，秦汉时期瓦当、画像砖、石刻图案，南北朝时期石窟装饰图案，唐代唐三彩陶器、铜镜、碑刻、金银脱漆器，宋代瓷器、缂丝图案，元代雕漆、织金锦、釉里红瓷器图案，明清时期青花瓷器、景泰蓝、玉器、雕刻图案。它们在艺术上都各具特色，在图案结构上已熟练地采用对称、平衡、分割、均衡、连续、重叠、联结、分离、组合等手法（图2-22、图2-23）。

（3）**民间图案**：民间民俗图案是在民间流传的具有民间风格和地方特色的图案，主要有剪纸、刺绣、蓝印花布等图案。比如端午节辟邪的"五毒"图案，每到端午节，民间就有挂五毒图于门户的习俗，或者在儿童手臂、身上佩戴五毒虫形象饰物的习俗，其意在禳避病害，以求平安（图2-24）。

（4）**少数民族图案**：少数民族图案是少数民族在长期生产和生活中创造并流传的具有本民族特色的图案。例如，蒙古族、藏族等北方民族的地毯图案，苗族、布依族的南方民族的蜡染图案和傣族、黎族、土家族的织锦图案等都是非常有特色纹样形式（图2-25）。

（5）**现代图案**：现代图案是富有时代气息的图案，主要有几何图案，是民间传统技艺的现代应用（图2-26）。

2. 图案设计　对于现代服装而言，图案与面料是成就其辉煌的不可或缺的基础材料。面料艺术设计包含有面料的图案设计和面料再造两个内容。

顾名思义，图案即图形的设计方案，意指有装饰意味的花纹或图形。陈之佛先生1928年提出："图案是构想图。它不仅是平面的，也是立体的；是创造性的计划，也是设计实现的阶段。"图案是附着于材料上与成型的服装密不可分，具有写实、装饰、夸张等意味的花纹图形，是人的衣生活环境中艺术性和实用性相结合的艺术形式。图案根据表现形式有具象和抽象之分，具象图案题材内容包括花卉、风景、人物、动物、器皿、文字图案等。图案形式有单独纹样、二方连续纹样、四方连续纹样等组合方法，把生活中的自然形象进行整理、加工、变化，使其更完美、更适合实际应用（图2-27）。

3. 面料质感与肌理 巧妙合理地利用材料本身特有质感，是现代服装设计师的智慧所在。一般柔软型面料较为轻薄、悬垂感好，主要包括丝绸面料、软薄的麻纱面料和织物结构疏散的针织面料等，多见松散型和有褶裥效果的裙装造型，体现人体优美曲线表现面料线条的流动感；透明型面料质地轻薄而通透，具有优雅而神秘的艺术效果，包括棉、丝、化纤织物等，如乔其纱、缎条绢、欧根纱、化纤蕾丝等；为突出表达面料的透明度，可用于线条自然丰满，富于变化的圆台型设计造型；挺爽型面料线条清晰有体量感，有涤棉布、灯芯绒、亚麻布和各种中厚型的毛料和化纤织物等，可用于突出服装造型精确性的西服套装；光泽型面料主要为缎纹结构的织物，常用于晚礼服或舞台表演服中，简洁的设计或较为夸张的造型方式（图2-28）。

图2-25 苗族刺绣与蜡染图案

图2-26 现代意味的扎染图案

图2-27 现代图案应用

图2-28 透明型、柔软型、中厚型材料服装

　　面料肌理的质感一方面来自上述各式面料的差异，另一方面来自对面料的再造。面料再造是指材料通过表面面饰工艺所形成的肌理特征，是材料自身非固有的肌理形式。面料再造肌理往往就是通过自然现象的观察启示，再运用折叠、添加、减少、破损、烧焦、抽纱、喷、涂、贴等工艺手段，改变材料原有的表面材质特征，形成一种新的表面材质特征，以满足现代设计的多样性和独特性，再造肌理突出材料的工艺美，技巧性强。当今服装面料的发展呈现出多样化的趋势，面料再造更是迎合了时代的需要，丰富了普通面料的单调性，为服装增加了新的艺术魅力和个性（图2-29）。

图2-29 面料再造肌理细节

总之，设计师应该将开发材料的审美特性看成是一种艺术创作在不同类型的服装造型设计中的重要技巧手段，把握三要素在服装设计和服装造型的过程中相互制约，又相互依存的关系。

第三节　服装设计的多重性

由于服装是特定社会物质生产，与纺织科学技术联系在一起，又与人所在的特定的社会政治、文化和艺术之间存在着显而易见的关系，这使服装设计具有多重特性，它不仅是一种物质文化创造行为，而且是以人为研究对象，研究包括人的外在形体特征和内在心理因素，以及衣物这一物质载体的属性和人的关系。本节将从服装设计学的多重性角度分析服装设计的技术特性、艺术特性、经济特性、科技特性、市场特性和创新特性。

一、服装设计的技术特性

服装作为产品制造有技术的特性，服装材料中的面料、辅料、配件等生成技术、织造技术、染色技术、加工技术和材料运用技术等方面，是由自然科学原理和生产实践经验综合发展而成。服装材料的生成技术，离不开纤维科学、织物结构学、机械学、物理学、染料化学等学科技术理论的支持；材料运用技术，则主要由服装工程学、服装结构学、服装制造学等有关工艺操作方法和制作技能的支撑，这是完成服装物质性成衣与服装使用性的基本保证。

服装技术主要指服装工艺，工艺是使衣物成型的重要的技术条件，工艺美是通过高超的技术来达到的。对于设计来说，精通工艺是十分重要，服装的设计构想必须通过技术来完成，缝制不能看作是简单的一般工作，而是艺术设计＋技术＝产品或作品。一套定制服装的完成过程应该是：从测体开始、量体裁衣，以数字为依据的结构与裁剪，精工细作的缝制，"三分缝制七分烫"的制作后之整烫等过程。服装的技术美，不仅表现在产品静观的功能美上，也表现在产品的宜人性上，即观照人的本质特点和需求，在生产产品的技术操作过程中的每一个步骤表现出来对艺术美的追求，根据合理的尺度对衣之结构、放松度、材料、工艺关系的处理等方面。可以说，服装的技术美是美学参与生产实践活动的体现，它使技术活动艺术化、审美化，完成服装的工艺技巧直接体现其美学的"效用"。优质的服装品牌产品都是在技术与艺术互动发展中获得统一，从而在技术美的内涵中含有技艺合一的呈现。

因此，技术美应成为服装生产整个技术活动过程中自觉追求的目标，把企业文化、经营理念、艺术审美文化因素纳入产品制造之中。工艺技术的优劣对衣服美的影响很大，在衣服加工成形的过程中，技术的好坏直接影响衣服的外观品质和内在质量。熟练的技术不仅包括衣服造型形态的技巧，还包括装饰技巧等技术，如手工刺绣就是经过巧妙的技术来提高衣服美的效果和衣服的附加值，可以为服装增添亮点与风采。

服装技术性工艺，主要包括机缝工艺、手针工艺和传统特色工艺。

（一）机缝工艺

机缝工艺是衣片缝合的基本技术，是服装加工的制作工序之一。机缝按照制作方式分为家庭式缝制、订制式服装高级缝制和大规模生产的工业化缝制。机缝包括缝合、缉线、平缝、来去缝、回针缝、包缝等缝制工艺，这些技术都是按照设计的要求缝制出合乎效果的服装。在工业生产线上，缝制是在制图和裁剪后的工序，根据具体的服装造型，运用科学规范的工艺流程，对衣片进行加工制作，如主体衣片的缝合与附件（口袋、襻带、底边）的缝制，拉链及服装闭合部位处理的缝制技术和成衣工艺流程，还包括工艺技术文件（工艺单）、服装质量控制内容与控制标准等（图2-30）。

图2-30　机缝工艺

（二）手工工艺

手工工艺包括基础手针工艺和手工艺装饰，是服装技术性装饰工艺的重要手段之一。基础手缝包括各种手针针法，有拱针、环针、缲针、运针、扎针、扦针、三角针、杨树花针等十几种针法，也称手针工艺；手工艺装饰主要有绣花、抽纱、补花、挑花、拼贴、镶饰、印染、手绘、编织、结扣、造花等手工艺装饰技巧与服装造型相结合，以达到美化服装的目的（图2-31）。

图2-31　手工工艺

（三）传统手工艺

我国传统的手工艺技巧包括镶、嵌、绲、宕、盘等，是富有中国传统手工艺特色的技法。各种技法对服装的装饰，既可以相互结合又可以独立运用，在服装的造型中往往起到画龙点睛的效果（图2-32）。一般高档丝绸礼服以手工缝制为主，而批量生产则以机器设备缝制来完成。缝制过程中，手针和熨烫是重要的辅助手段，并贯穿整个缝制过程的始终。娴熟精湛的技艺和服装加工工艺技术是完成和达到服装设计要求的基本而重要的保证。

图2-32　传统手工艺

服装工艺技术或服装生产技术，传承着人类的文明，创造着时代的艺术。只有不断地创造新技术，才能创造出新视觉、新作品。在服装设计和成型的过程中，需要通过诸如设计、选料、量体、制板、裁剪、缝制及相应的工艺流程有机配合来实现，各个工序之间应该是一种环环相扣、相辅相成的密切关系。显而易见，设计是一门综合性的实用艺术形式，需要各个工序之间的相互衔接和相互配合，缺一不可。

二、服装设计的艺术特性

设计是一种实用艺术，服装设计的创造过程是遵循实用化求美法则的艺术创造过程，它是以服饰语言来进行创造的艺术活动。服装美学是与感性认识有关的，是受外界影响得到感受时内心的一种状态，这种感觉与每个人的心态以及感受美的状态有关。康德认为美有两种，即自由美和依存美。服装设计是具备依存美的特性，是合乎对象目的性的，即"只有当对象吻合它的目的，它才可能成为完美"。

（一）服装美

作为物质的服装上的各种构成要素凝聚在服装中，形成的独立的美。它包括造型美、色彩美、材料美。

1. 造型美　造型美是服装的轮廓美或外轮廓线与内分割线之美。首先解决服装的造型，即服装的廓型线，在服装的整体造型中居于首要地位，廓型线能给人以深刻的视觉印象。在服装的演变中，一般用字母来概括衣物的廓型，这也是近代设计师非常注重的表现手法。如 X 型有女性特定的美感，A 型或帐篷形有优雅或活泼的美态，Y 型或 T 型有男性阳刚之美，H 型或矩型有成熟端庄之美等，这些都来自形状的主要特征。当服装穿在身上后，立体轮廓、量感及正面、侧面、背面等形式表现才能反映出服装各个角度的美。廓型是服装风格重要的视觉要素，时装流行最重要的特征也在于廓型线的变化，是时代风貌的一种体现（图2-33）。

2. 色彩美　色彩美是服装色彩的选色与搭配颜色计划的色彩平衡和色调美感。色彩是创造服装的整体视觉效果的主要因素，从人对物体的视觉程序来看，色彩是最先进入视觉感受系统的。例如，森林色调、沙滩色调、枯草色调、岩石色调、崧蓝绿色调、叶草色调能体现出自然、田园、沙漠、荒野等风格；彩陶色调、青铜色调、敦煌壁画色调等能体现出传统民族风格；现代建筑色调、沥青马路色调、电器产品色调、现代化妆品色调和霓虹灯的色调等能体现出都市情感风格；风格化的配色，可以"以色传神，以色写意"，传达出服饰色彩风格美的意境。服装配色是整个设计中的主要环节，设计师也是通过色彩与消费者传递感情，给予适合消费者需要的色彩，启发其接受新的色调，如图2-34中可以看到下一年运动主题色彩趋势推出的深海蓝配色色调的服装。

图2-33　服装造型美　　　　　　　　　　　　　　图2-34　服装配色美

3. 材料美　材料美是视觉和触觉上产生的质感美。面料是体现款式的基本素材，是构成服装设计美学的基本条件。无论款式简单还是复杂，都需要用材料来体现，不同的款式要选用不同的材料，材料本身的悬垂和视觉效果对服装的整体视觉会产生很大的影响。材料美独特的艺术效果对衣服的整体效果产生巨大的影响，材料在服装设计和制作的过程中，不仅能体现纸面设计无法表达的艺术效果，而且常常可以获得超越纸面设计所预想的视觉效果，巧妙地、科学地利用材料本身特有的美感以及利用再造加工的独特材料是现代服装设计师的智慧所在。

（二）人的美

人作为文明社会的主体，包括自然人的人体美和社会人的思想美和行为美。人体美一直作为绘画、雕塑等艺术的题材使用。在服装设计中，设计者把对人体美的感受、时尚的思考和文化意蕴的观念体现在衣生活之中。这里研究人的美，不仅要考虑形体美，还包括皮肤美、妆容美、姿态美和内在美等内容。

1. 形体美　形体美是人的整体形态的美，是仪表美的基础。体形是构成个性的重要因素，形体健美不仅表现人体整体的匀称程度，还能表现由胖瘦身体曲线等可感知的氛围。不同的体形有不同的特点，当从尺寸角度考虑体形美时，一般会注意的是身高、三围和人体比例形成的优美的外观特征。国家成衣的规格尺寸就是以标准中等个子为依据的，如女性160/84A；男性175/88A。形体美的基本标准应是体形匀称、线条鲜明、肌肉饱满、骨骼健康，是画家写实再现的人体美；服装绘画的人体美则是以修长优美为主要特征的，更大程度上契合了当今人们对形体美理想的愿望（图2-35）。

图2-35　形体美

2. 皮肤美 人体美的基础是健康，皮肤美是人体健康的标志之一。皮肤美能传递生命美感信息，健美的皮肤是向外界释放各种美感信息的重要器官之一。它释放的美感信息是激发各审美主体产生审美愉悦感的物质基础。富有动感、质感的肌肤，能向审美主体传递出更加耐人寻味的美感信息，更体现皮肤美的生命活力。

3. 妆容美 妆容美即发型化妆造型美。发型与化妆是人的头部造型，是服装整体形象设计的一部分，影响人体美的整体效果。化妆是通过化妆品的运用和描绘的技巧，把面部本身的优点加以发扬，而对自身的某些缺陷和不足给予弥补，达到增强自信和尊重他人的目的。发型美是妆容美的一部分，发型与脸型、妆型、体型、服装和谐都是造型美的基本常识。配合不同的服装应搭配相应风格的发型，有突出活力天真的马尾辫，有怀旧复古的长波浪，有凸显摩登的短发型，有凌乱质感的中长发型，有经现代技术演绎的古典发髻等。在现代都市，注重发型和化妆已经成为一种社交上的礼仪行为，合适的发型化妆与服装相映成趣，可以塑造出具有个性美和时尚美的形象（图2-36）。

图2-36 妆容、发型美

4. 姿态美 姿态美是身体各部分在空间活动变化而呈现出的外部形态的美。如果说人的容貌美和形体美是人体静态美的话，那么姿态美则是人体的动态美。一个人即使有出众的容貌和身材，如果他举止不端、姿态不雅，也不可能有完善的仪表美。其实，身体的每个部位都影响整体美效果。服装效果图就是表现人体姿势造型美，对于人体姿态，动作、手足、形体和气质都力求完美并与强调整体服装相协调。追求姿势仪态美一是要注意按照美的规律进行锻炼和适当的修饰打扮；二是要注意自身的内在修养，包括道德品质、性格气质和文化素质的修养，因为人的外在仪态美在很大程度上是人的内在心灵美的自然流露（图2-37）。

5. 内在美 如果说体形美、妆容美、姿态美所述的是从外部观察的形式，属于人的外观形式美，那么支持这种形式美应该属于内在的精神美，对于文明人最重要的是精神价值的肯定和提高。内在美包括人的智慧美和品格美。

图2-37　姿态美

（1）**智慧美**：智慧让人可以深刻地理解人、事、物、社会、宇宙、现状、过去、将来，拥有思考、分析、探求真理的能力。智慧美是生命所具有的生理和心理的一种高级创造性思维能力，是包含对自然与人文的感知、记忆、理解、分析、判断、升华等所有能力，由这种能力产生的美为智慧美。

（2）**品格美**：品格是一个人的基本素质，它决定了这个人回应人生处境的模式。从一个人的品格可以反映出这个人品位、眼界水平或格调。品位与智慧有所不同，有些人随着年龄的增长变得温雅，这是因为广泛的文化知识，丰富的内心世界及阅历改变了人的生活态度。品格是一个人在信誉方面最高贵的财产，也是人性最好的表现形式。从这一角度来说，人的内在美比外在美或许更具有吸引力。

（三）饰品美与搭配美

服饰美是通过适宜、适时、得体的服装配饰呈现出整体美。在衣着服装美和佩戴饰品的美感中，虽然各种各样的服饰品配件作为独立产品分别具备美的价值，但作为附属品，它会在人物形象的整体搭配中产生自己独特的价值。恰当地使用腰带、围巾、项链、眼镜、手套等服饰品可以提高着装风貌的视觉效果。饰品经穿着搭配产生出一种超越衣物单独美的整体美感，这类效果就是由搭配而产生的（图2-38）。

着装美的关键就是服装搭配美、

图2-38　服装整体搭配

服饰品与服装的协调美；人与衣与整体环境场合的协调美等。穿着是个人美感表现之一，穿着得体是一种教养，让人觉得舒服。出门前精心搭配的服装，收拾的干净整齐的房间，是朴素的书房里一束芳香的鲜花，是客厅里一幅能自得其乐的画，这种美是一种生活品质。

关于搭配美，是系列设计或二次设计的方法论。人的着装从内到外、从上到下，整体的外观就是一种搭配，就是一种系统的设计思考，就像我们在日常生活中看到自己或看别人时的整体印象，或前卫街头，或传统优雅，或可爱恬美，或浪漫性感，或简洁时尚，或运动休闲等，这类服装的整体风格印象就是设计搭配的效果。

（四）系列美

系列设计是包括产品的一次设计和横向与纵向的二次设计为内容的整体设计。产品的系列化从哲学上说就是系统化，系统设计不仅要考虑单件产品的服用功能，还要纵向考虑衣服饰物组合后形象设计的完整性；不仅考虑生产产品的时间，还要延伸到产品的展示、销售和使用。

1. 一次设计　一次设计是对服装物理性能方面的设计，即对单件产品进行材料的款式设计或产品设计或产品销售，它是一般意义上的服装设计，是系列设计流程的基础。这是一种我们通常公认的、单件服装款式、色彩搭配和材料选择等设计师的工作。一次设计是以基本元素点、线、面构成要素结合款式、面料和色彩来考虑组合的设计，设计师通过对点、线、面、体组合造型来完成对衣服产品的设计。

2. 二次设计　二次设计是对服饰整体着装状态的设计，是从整体着装状态对衣物产品进行深度的创意。二次设计分为纵向和横向两方面，纵向的二次设计是在一次设计的基础上，对服装与体型、内衣与外衣、上衣与下装之间造型、色彩、配饰品进行最佳状态的组合从而塑造一种新的穿着形象或诠释一种新的生活方式，这种设计与其他设计不同，它在诉求一种主观意识有想象力的创意，是反映时尚与流行装扮的设计活动。与只有一次设计的单品纯衣物相比，二次设计更具有整体的造型美和形象风格设计的特征，在企业里是总设计师或搭配师的工作。横向二次设计是指一组多件套服装的系列样式，从造型延伸性来理解，可以说它是以一套设计理想的服装为基础，在此基础上进行变化出多套近似的服装款式，使这一组服装中有着互为关联的要素和重复的细节，形成你中有我、我中有你的近似效果，就像是重复的近似形。实际上在多套服装中，每一件套服装有着独特的个性与分割细节装饰的不同，但都同属于一个整体和一种风格。我们可以在众多的参赛服装作品中欣赏到这一类设计手法，也可以在品牌服装中找到近似而不雷同的系列服装。当然，系列中变异的程度需依设计师个人的风格喜好与能力来把握，这类设计方式给消费者带来了多种选择的可能，并丰富和活跃市场的氛围。这也正是系列设计的优势所在。因此，系列设计组合的内容特点表现在单套和多套服装之间有着相互关联的因素；产品形成的系列感觉是在多元素组合中表现出来的次序性和和谐的美感特性。系列产品比单件产品在人们的视觉感受和心理感受上所形成的审美的震撼力量要强得多。任何一个环节有所忽略或出现问题，系列整体设计的效果就会大打折扣。因为系列设计各要素之间是有相互依存、相互制约和相互统一的辩证关系，这样才能形成完整的系列整体美或着装美（图2-39）。

图2-39　系列设计

（五）风格美

对服装风格的追求是服装设计追求的终极目的。设计追求风格是一种意境的表现，特别是风格所代表一种独特的外观形式以及这种服装的外观形式所表现出的内涵和魅力应是其他作品无法相比的。风格给人以视觉上的冲击和精神上的共鸣，这种强烈的感染力就是设计的灵魂所在和风格所在。

风格是独特性与差异性的表现。一个企业、一个品牌，如果没有自己独特风格的设计，就像没有主题和没有中心思想的文章，很难吸引人或给人以深刻的印象。比如，迪奥是以古典美的风格风靡；约翰·加利亚诺（John Galliano）则通过表现怀旧、标新、摩登的风格，再次引人注目；野性、前卫是韦斯特伍德（Westwood）的风格特征；含蓄、内敛、纤瘦的造型是卡尔文·克莱恩（Calvin Klein）的格调；高贵、优雅、女性化风格是夏奈尔（Chanel）的代名词等。可见，设计师是靠自己的独特风格而成名于世。一个企业、一个服装品牌也必须通过营造富有个性的品牌形象和独创的产品风格而具有市场竞争力；而消费者则是凭借选择喜欢的品牌风格和个性形象来实现自我装扮的格调，人们喜欢某个品牌主要源自其体现的一种风格和穿衣品位。因此，一个品牌的季节产品或一个系列的参赛作品必须具有这种"差别化"风格的体现，才能在众多的作品中脱颖而出。在任何设计中追求风格比追求时尚更为重要，如图2-40（a）所示镭射材质系列设计的科技未来风、如图2-40（b）所示粗麻材质设计的街头风以及图2-40（c）所示都市简约风和都市前卫风。

（a）镭射材质系列设计的科技未来风

（b）粗麻材质设计的街头风

（c）都市简约风、都市前卫风

图2-40　服装设计风格

对于现代人来讲，服装既是一种生活必需品，也是一种艺术品。设计既是视觉的、物质的，又是感觉的、精神的存在。服饰设计无疑是一种艺术创作的设计活动，在文化情境的传达中表现完美的视觉效果，样式风貌。如同音乐具有美的旋律给人心灵以震撼，仿佛建筑样式传达视觉美感的风格，又像艺术作品具有强烈的感染力和震撼力的形式，使产品具有使用性、满足感和艺术风格的美感，这是服装设计追求的艺术效果，也是服饰设计的艺术特征所在。设计的目的是满足人的需要，人类对美的追求是无穷无尽的，因而设计的发展也是无止境的，风格审美没有终点。

三、服装设计的经济特性

服装作为市场流通的商品，具有明显的经济特征。设计作为经济的载体，已成为一个国家、机构或企业发展的重要共识。为适应世界经济新的动力带来的国际竞争，许多地区和企业增大了对设计的投入，将设计放在经济战略的重要位置。20世纪80年代初期英国设计业的经济战略迅猛发展，为英国工业注入了大量活力，因此，当时的英国仅在陈列环境设计和零售店方面就获得了大批设计业务，为商家和设计集团自身带来了大量利润。第二次世界大战以后的日本经济百废待兴，日本政府从20世纪50年代引入现代工业设计，将设计作为日本的基本国策和国民经济发展战略，从而实现了日本经济70年代的腾飞，使日本一跃而成为与美国和欧共体比肩的经济大国。国际经济界的分析认为："日本经济力＝设计力"。设计的经济特性主要有以下两点：

（一）设计具有文化情调的特性

文化情调是文化设计中最为感性直观的要素，任何情调总是体现于一定的形式，而形式又最能直观地将某类产品与其他产品区别开来，引起消费者的注意。例如，使用蜡染或扎染面料来设计时装，使之富于浓郁文化情调。这是增加产品文化魅力的最为便捷而又行之有效的方法。设计引导一种新的生活方式和新的需求，引导流行和个性创新。服装是纺织科技技术与日常生活的桥梁，是企业与消费者联系的纽带。服装设计联结技术和市场，可以创造好的商品和媒介，拉开服装品牌商品之间的差别。从商品经济角度看服装，设计还将推动市场的竞争，创造新的市场或促进市场的细分，设计的文化情调不仅物化了一个企业（或品牌）文化的基本精神，而且具体规范企业文化运行模式，品牌产品设计只有取得领先，才能够赢得市场。如果说20年前企业是在价格上相互竞争，10年前是在质量上相互竞争，而今天则是在设计上相互竞争。21世纪市场的竞争明显取决于文化的竞争，而产品文化的竞争又取决于设计的竞争。设计是一种文化行为，通过推广蕴涵在服装中的文化理念，传达新的生活标准。企业借助于设计技术手段达到一种价值取向的经营策略，品牌或制造企业纷纷把设计作为跨

世纪的经济文化发展战略，将设计视为提高经济效益和企业形象的根本战略和有效途径，设计正在成为企业经营的重要资源，推动社会经济的发展与进步。

（二）设计可以创造高附加值

这是一个设计的时代，设计时代意味着附加值的时代。无论是历史上的工艺珍品或是有竞争力的商品，不难看出它们都是经过精心设计和精心加工的，并具有高附加价值。产品的价值主要由两部分组成：一部分是产品的实用价值即产品的质量；另一部分是通过包装设计所传达出的品牌价值或产品设计的卖点价值。好的包装设计不仅能最有效地传播产品信息，使顾客了解产品的实际使用价值，更能提升产品的心理价值，通过包装设计所传递的信息暗示顾客能获得许多非产品的价值。这种附加值的创造是通过图形、品牌暗示，引导消费者的心理感受来实现的。例如，我国20世纪80年代包装的崛起，从根本上提升了工业产品和食品的附加值。设计使消费者能通过商品包装看到商品的独特性而获得某种心理、情感的满足，从而影响消费，购买和使用产品。有设计感的产品在市场上就有设计的卖点价值，例如，同样是衬衫，著名品牌或设计师制作的可以销售卖近三千元一件，而一般衬衫只有二三十元一件。高水平的设计与高技术的结合必能产生高附加值，设计是创造附加价值的重要武器，反之，劣质的设计者则有损于附加价值的产生。

21世纪的设计终极目标将是改善人的工具、环境以及人的自身，着力研究经济意识形态、技术和社会，而不再是设计初期那种简单的、以满足人们的基本需求为目的、为生活需求而协调产品与人之间的关系。设计不再局限在重对象的物理设计，而是越来越强调对"非物质"的设计，品牌产品设计的附加值已越来越明显。

四、服装设计的科技特性

服装设计在与人生活密切相关的艺术创作活动中始终包含着不容忽视的科学成分。事实上，服装设计从人类开始穿衣的那一刻起，就与人类对大自然的认识科学紧密相连，从这个意义上看，人类着装的历史也就是人类在衣生活中应用科学的历史。

衣物的物理性能和化学性能是有关服装的材料、纤维与织造。人类织造技术的发展，不仅为服装的发展带来了物质条件，也使其具备了技术基础。19世纪中叶，脚踏缝纫机的发明在现实上促成了成衣业的形成与发展。产业革命后，1884年，英国化学家斯温用硝酸与纤维合成得到"安全人造丝"，于1889年在巴黎博览会展出，曾轰动一时，开创了合成纤维的历史。1935年美国的杜邦公司研制出聚酰胺纤维；之后杜邦公司把聚酰胺纤维命名为"尼龙"，使人类进入了化学纤维的时代，是世界上出现的第一种合成纤维。合成纤维的出现是人造纤维发展进程中的一个质的飞跃，从服装的加工手段和衣料的生产等方面为工业化社会人类衣生活的变化提供了物质准备和技术基础。

可以说，人类服装设计的历史，既是人类使用材料的历史，也是人类感受材料的历史。在服装变迁过程中，不仅仅是政治、经济、文化思潮等社会人文因素影响各历史阶段的服装样式，科学技术的发展也左右着人类的着装状态。一件理想的时装，既要看起来美观，也要感觉舒适。前者是艺术的问题，后者是科学的问题。人体的呼吸引起的胸廓围度的变化，上肢运动引起的前胸和后背尺寸的变化，弯腰屈体时引起的腰臀部围度的变化等，都是进行服装的结构设计时事先考虑的基本参数，如人与衣之间的活动量、衣服的放松量、结构尺寸、舒适度与人体工程学等问题。服装外形的设计、服装材料及其加工工艺的选择都是在能够满足这些基本参数的前提下进行的。服装设计的科技特性是提出设计，考虑符合人体的生理构造和运动特性，便于穿脱，便于行动。因此，服装设计师不仅要具有艺术家一样的造型艺术感觉，而且要具有工程师一样的科学态度。无论是传统的科技，还是现代的科技，科技均源于生活。服装与科技自然共生、历久弥新。科学与技术是集辩、证于一体，技术提出问题，科学解决问题。科学是发现，理论指导技术；技术是发明，是科学的实际运用，服装正是科技的重要载体之一。服装产业与纺织产业一起，成为我国传统支柱产业和创造国际化竞争新优势的产业（图2-41）。

科技能够帮助设计师解决无法完全还原脑中创意的难题。通过使用3D打印机、激光切割机和数字打印机，设计师能够打造出如实反映其心中想法的时尚产品。通过最先进的打印技术，设计师艾里斯·范·荷本（Iris Van Herpen）一款"珊瑚虫"披肩和裙子作品模糊了艺术、科技和时尚之间的界限，以特别的方式融合了多种自然启发的形态，打造出手工无法实现的复杂设计（图2-42）。

图2-41 电子科技产品

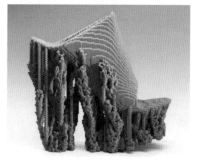

图2-42 3D打印作品

五、服装设计的市场特性

（一）服装设计与生产的关系

生产是经济领域中最基本的活动，生产者、生产工具、劳动对象和生产成果都是生产要素。服装产品设计是生产的组成部分，品牌每季新品上市，第一步就是设计，经过调查测试、艺术想象、技术更新、经济核算、样衣制作、批量生产、市场销售等，然后到达消费者手中。从这一角度来说，设计师是生产者，设计活动是生产活动，而且是对整个生产举足轻重的生产活动。设计的作业和任务就是为生产服务，为产品的改良和创新服务，为提高生产效率与效益服务。合理地使用质优价廉、性能优化的原材料，提高产品附加值等基础上改进与完善产品设计，为企业的生存与发展服务。设计师从学生时代就要开始接触各种工艺，如服装工艺、印刷工艺、金属工艺、塑料工艺以及材料学、价值工程学、生产管理、经济核算等课题。生产技术日新月异，工艺流程、生产管理也面临层出不穷的难题，因此，设计师终身都有需要学习的新课题，向企业家、工程师、经济师和技术工人学习是设计师的日常工作需要。

（二）服装设计与目标市场

目标市场是指设计直接针对的消费群体，服装设计与消费的关系是设计与经济关系的具体化，同时也是其关系最生动的体现之一。当今的消费者直接消费的是物质化的设计，实际上就是设计人员的劳动成果。以服装为例，除了经过产品设计和产品制造外，还要经过传达设计、展示陈列、销售服务而后到达购买端。也就是说，消费者除了消费其产品设计外，同时还消费了它的包装设计、展示设计、广告设计等，而这些设计的成本最后都会包含在商品的价格之中，每一个消费者或消费群体都同时消费着多种形式的设计。一般而言，设计为消费服务，消费也是一切设计的动力与归宿。可以说，设计创造消费。设计可以扩大人类的欲望，从而创造出远远超过实际物质需要的消费欲。伴随新的设计不断产生，人们会有意地淘汰旧有的服装，即使它们在物理上还是有效的，这一点来看便是扩大了消费需要总量。设计创造了大量的消费需要，设计的消费导向在经济发展向好时会更加明显。

六、服装设计的创新特性

创新指的是能利用新思维去改进原有东西，或者创造新的形象，并能获得好的结果，如服装设计大赛的获奖作品。可以见到创新作品是在意识的支配下，以独特的设计概念、设计思维模式提出有别于常规或常人思路的见解为导向，利用自身艺术知识、审美眼光、物质材料和工艺技艺，改进或创造新的产品和元素，从而获得一定成绩或有益效果的行为。创新的基本特性有：

（一）目的性

任何创新活动都有一定的目的。例如，参加服装设计大赛就是一次有目的赛事活动，比赛是一种形式，通过比赛可以选拔与推出一大批优秀的服装设计师。每年中国国际大学生时装周，以商业目光聚焦全国院校毕业生，实现中国文化的挖掘和扩展，促进中国服装设计人才培养和学术交流，创建成果展示的平台，也是新生力量对话国际的一个桥梁；中国模特之星大赛的宗旨是为了开发模特资源，选拔模特新秀，为职业模特队伍输送优秀人才等。这种有目的性的对话意味着中国时尚设计将逐步走向文化的自觉、思想的自信以及精神的独立，并最终获得时尚话语权。有影响力的赛事被服装界及时尚媒体赞誉为"服装设计师或模特的摇篮"。又如参加大学生创新创业项目活动也是有目的的，可以培养大学生创新创业能力，增强学生在未来就业市场上的竞争力。拥有创新能力和大量高素质人才资源，意味着具有开展知识经济的巨大潜力，不仅可以为社会输送大批具有创新思维的有志青年，更能有效地推动国家的发展战略。如果从个人来说，大赛可以让个人知识学以致用，在交流中深度发展、拓宽眼界，其目的就在个人与团队完成一个项目的同时，锻炼自身的探索精神、思维能力、动手能力、团队协作等方面能力，贯彻于创新过程的始终。

（二）创新性

创新是以新思维、新发明和新描述为特征的一种概念化过程，以发现、更新、改变和创造新的东西为内容。其中，发现与创新促进人类对于物质世界的改造，是人类自我创造及发展过程中两个不同的创造性行为。创新是人类特有的认识能力和实践能力，是人类主观能动性的高级表现，是推动民族进步和社会发展的不竭动力。一个民族要想走在时代前列，就一刻也不能没有创新思维，一刻也不能停止各种创新尝试。从本质上说，服装创新是创新思维蓝图的外化和物化。服装的创新是对已有衣物的改变和更新。服装设计的出发点不仅要达到服装的审美性需求和功能性目的，更要体现出一种时尚、新颖的生活概念和生活方式。

服装作品创新需要有明确的指向性、原创性、自主性、当代性、文化性和多元化特点。要想实现这些特性，完成具有原创性作品，需要设计师具备丰富的知识结构和知识储备，不能局限于专业知识，要提高自身判断力，建立有价值的理念，再用视觉化的手段来实现设计的升华。流行是服装创新直接外化的视觉语言，流行集合了所有设计要素，如流行色彩、流行面料、流行纤维、流行款式与流行细节、流行技术工艺、流行饰品以及流行的穿着方式与流行的化妆等，是一个时代的美的集中反映。因此，经济学家指出：流行变迁的基础在于诸如克服枯燥、渴求多变、打造个人特色、表达

叛逆、模仿他人或寻求友伴等各种社会心理因素。衣着上的求新求变是人类完善自我和与他人沟通的需要，纵观社会流行于市场的各种现象中，人类对服装潮流的追逐和"喜新厌旧"的特征是最为广泛、最为明显的写照。在现代社会里，无法将流行与服装创新分开来考虑，处于流行期的服装看起来更漂亮，这也是服装创新考虑的因素。

创新就是标新立异的时尚和大众普遍认同的流行，服装创新不但在着装方式上，而且在材料、造型上都有时代痕迹，缝制方法也受时代技术的影响，所以回看三五年前的服装，多少会有旧的感觉，这就是因为时代技术与审美意识变化对造型审美的影响，更是创新所表现的时代符号。

（三）超前性

创新以求新为灵魂，具有超前性。超前性表现在服装流行的预测性方面。服装流行预测是一种国际性的服装文化现象，流行预测有着极强的超前性和时间性，对推动服装业的发展、引导文明而适度的衣着消费发挥积极的作用，对服装品牌从整体和宏观上的策划与生产起到积极的指导作用。预测不是猜测，需要更多成系统的资料；不只靠直觉，还需要更多的行销知识。细心细致的搜集工作，除了天分，还需要多方面的工作汇集。一个概念主题的出现，将围绕着这个概念主题，从昔日的流行当中、经典作品、艺术思潮、街头文化、新出现的生活方式中寻找灵感来源，并从中发现新的形式、新的比例、新的材质、新的组合方式以及新的设计灵感，预测流行、创造流行、倡导新的潮流，这就是设计概念的超前性引领。

服装设计超前性贯穿于设计、生产与流通的各个环节，其递进过程与工业化生产过程相一致。从纤维—纱线—面料—色彩—图案—成衣—销售的整个产业链，是超前的实验性引领。从开始设计、制作到销售等每一个阶段都有一个过程，这个过程需要有一定的提前量，如一个品牌的服装在上市前至少三个月向代理商或零售商展示他们的样衣，以便有足够的时间订样下单和生产服装（服装厂商称其为"货期"），以便他们有时间来完成加工和生产。同样，一个品牌的设计也要提前3~6个月要求面料厂商供货或是提出流行面料、纹样和色彩的方案，以便有足够的时间来进行主题设计、调整方案和制作样衣。

超前创新的价值在于对社会经济具有一定的效益。如当下人工智能技术应用于服装，智能试衣镜、智能导购等产品陆续出现，帮助门店与消费者产生更丰富和深入的互动，应用于服装零售品牌的营销活动中成为"引流神器"。将人工智能技术应用于服装门店不仅仅是个噱头，在人工智能技术吸引下，智慧门店客流量大幅增加，这就是销售方式的超前。

如图2-43所示的流程能完成的衣服造型，有了完成的单品，再经设计主题组合拿到专卖店和店中店展示，或利用电商平台、移动购物、服装新零售方式等以消费者为

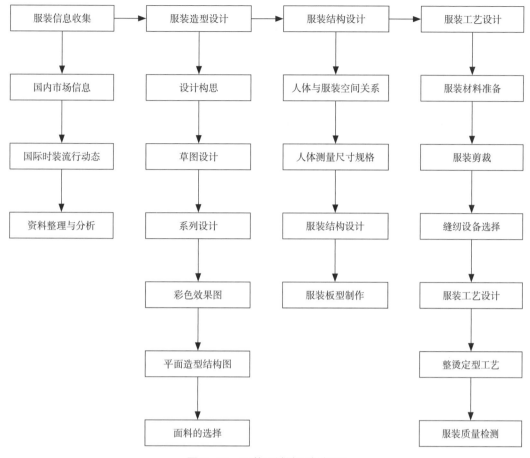

图2-43 服装设计流程框架图

中心的商业模式经销售或促销计划，再经消费者购买到消费者手中，服装设计才完成了它的整个设计过程的、有意义、有价值的循环。

在服装设计的整个环节中，服装材料（纺织技术研发、面辅料生产）、服装设计（款式造型、结构板型、面料色彩、裁剪）、技术加工（生产技术管理、流水线、缝制整烫、手工工艺）、服装商贸（市场营销、店铺管理、陈列）、信息技术（数据分析、前沿资讯）等组成了现代纺织服装的产业链。服装设计、面料设计、生产技术管理、市场营销、陈列设计、信息技术组成服装人才的专业链，服装专业可以在这个专业链中各自定位，服务于产业链中的相应环节。

总而言之，服装历史的演化轨迹、服装设计理论形成、服装设计方法与技法的探讨、服装流行规律、服装批评以及服装设计、服装审美与服装鉴赏、服装表演与展览活动等服装现象都是服装设计学涉及的基本内容和范畴。服装设计学从整体综合的角度来认识服装的形成，既可以运用自己特有的方法进行研究，也可以借鉴哲学、社会学、美学、心理学、市场学、信息学、流通学的方法进行研讨，与其他学科结合起来，形成服装设计学研究的边缘地带或者形成新的交叉学科，如服装社会学、服装美学、

服装市场学、服装心理学、服装信息学、服装设计管理学等。了解这些，才能在本学科中较全面地把握服装与服装设计的知识结构全貌，才能在服装专业这个专业链中找到服务于产业链的相应环节的岗位。

思考与练习

1. 服装设计的定义与特征是什么？
2. 服装有几种类型？举例说明。
3. 谈谈服装搭配和系列化二次设计的关系。
4. 分析服装有哪些经济特征，说明设计与消费的关系及设计的作用。
5. 简述时装设计的创新性表现在哪些方面？

时尚体系

第三章

课题名称： 时尚体系

课题内容： 1. 服装业语言

　　　　　　 2. 流行与时尚

　　　　　　 3. 中国服装业现状简述

课题时间： 2课时

教学目的： 通过本章的学习，使学生认识服装行
业的专业语言、服装业现状与发展前
景。了解服装工业、服装商业以及服
装业的市场与流行，对中国服装与世
界服装有一个较清晰的认识。

教学方式： 课堂讲授、课堂提问。

教学要求： 掌握服装业的语言、时装流行本质。

课前（后）准备： 课前可根据知识点预习，课后
完成思考与练习。

在时尚体系中，服装业的发展与其他产业一样无不在保守与创新、传统文化与流行文化的抉择中经受考验。我们知道，18世纪中叶，第一次蒸汽技术革命中自动纺纱机和蒸汽机的出现带动了世界纺织业的兴盛发展；经历19世纪下半叶，第二次电力技术革命中电讯的应用和内燃机的发明，至20世纪中叶第三次计算机及信息技术革命，原子能、电子计算机、生物工程、人工智能等技术影响着人类生产生活，人类对纺织技术服装业的需求不仅没有削减，反而一再提升；第四次科技革命是以人工智能、机器人技术、虚拟现实、量子信息技术、可控核聚变、清洁能源以及生物技术为技术突破口的工业革命。在这些变化中，世界纺织品服装的贸易仍增长了1.5倍，说明科技经济的发展、科学技术的进步并没有使传统产业萎缩成为夕阳产业，相反，科学技术的不断进步恰恰为这种传统产业注入新的生机，开辟新的天地，对我国服装工业的发展、服装品牌发展、服装商业文化及时尚体系认知都有着现实的积极意义。

第一节　服装业语言

服装业是时尚体系中一个密集型与技术型的行业，规范统一使用服装业基本语言，对我国服装工业制造与发展、服装品牌文化与建设、服装商业文化及时尚体系运营都有着积极意义。

一、时尚服装语言

1. 时装（Fashion）　时装是指在一定时间、空间内，为相当一部分人所接受的新颖时尚的流行服装款式，如迷你裙、大摆裙、阔腿裤等是时兴的、富有时代感或周期性的流行服装。其中，会有款式风格的趋向，在这里主要强调的是样式或形式的特征，即有可辨认的差别。与音乐、绘画、文学等领域存在各种不同的风格一样，时装也有个人风格和时代风格等。例如，款式风格是指区别于其他服装或服饰设计特点的样式，如A字裙款式的特点是在裙长底摆到腰部呈A字形状；超短裙款式的特点是长度在膝盖以上等，款式特征不会改变，但流行的程度会或深或浅发生变化。再如结合款式和时装的风格流派有巴洛克风格、古典风格或后现代风格、朋克风格等（图3-1）。

2. 外形轮廓（Silhouette）　外形轮廓是指服装的形状或外形（也即廓型），服装的廓型是服装款式造型的第一要素，流行款式中最明显的特点就是廓型的演变。廓型包含整个着装姿态、衣服造型以及所形成的风格和气氛。例如，巴洛克风格的服装是宽大的裙型，帝政式样为直线简洁的"管"状轮廓，可爱风格多用短小收腰造型，中性化硬朗风格服装多用H型廓型等。不同年代流行不同的廓型，20世纪50年代流行A字廓型成为一个时期的主导；80年代，肩部被高高垫起的T字造型，成为当时服饰形象的代表；90年代至今，人们穿着更加个性化，廓型的流行周期缩短且风格多变。

服装廓型变化的关键部位是肩线、腰线和底摆线。肩线的位置、宽度、形状变化会对服装的造型产生影响；腰线高低位置的变化形成高腰线、中腰线、低腰线，腰身的松紧度形成束腰型与松腰型外形；底摆线是有关衣服围度的变化，其宽松窄小对服装外轮廓型的影响最为关键。围度设置是服装与人体之间横向空间量的问题，腰线、臀围线和底边线是维度，也是宽度，它们是服装外形轮廓改变最明显、形状变化最丰富的部位，同时还是服装流行的标志特征。廓型的设计和完成需要设计师付与最大的注意和精力。设计大师克莉斯汀·迪奥曾在20世纪50年代推出一系列字母造型时装，分别用A、H、Y等英文大写字母来比拟他作品的廓型，对现在设计仍然具有指导意义。归纳起来服装的外形轮廓型有三类：一是字母型，二是几何型，三是物象形（图3-2）。

图3-1　不同年代古典繁华风格服装

A型　　H型　　T型　　沙漏型　　纺锤型

瓶型　　X型　　花冠型　　气球型　　Y型

图3-2　复杂的服装廓型剪影与A型、瓶型、气球型服装

3. 普通成衣（Ready-to-wear） 在服装时尚体系里面，成衣是最大众化的消

费品。成衣是指面对众多的社会民众可供选购的现成衣服或产品。这类衣服是按照规定的尺寸，以批量生产方式制作的、是规格化和批量化工业生产线完成的产品，设计这类产品的人是成衣设计师。这些成品服装是严格按照国家统一的标准号型来大批量加工生产的。与高级时装和高级成衣相比较，普通成衣是以技术为基础，不同程度地结合艺术设计，但不同品牌的艺术性高低不等（图3-3）。由于普通成衣市场的竞争日趋激烈，成衣品牌开始利用艺术设计来提高产品的附加值，有些品牌的服装艺术性甚至不亚于高级成衣，成功典范如西班牙品牌Zara。在服装专卖店、购物广场、超市中出售的都是成衣。服装按照规格尺寸，有标志155/80A或160/84Y等，斜线前的数字155和160表示身高，是选购服装长短的依据；斜线后的数字80和84表示人的胸围，是选购服装胖瘦的依据；字母表示人的体形特征，Y型为瘦体型，A型表示正常体型，B型表示微胖体型，C型表示胖体型。

图3-3　普通成衣

4. 高级成衣（Ready-made High Fashion）　在时尚体系里，高级成衣是对流行敏感而精致的产品，是批量生产的高品质衣服。产品依据企业设计理念和定位定制而成，设计这类产品的人是高级成衣设计师。高级成衣的出现和发展打破了服装艺术为少数人欣赏和享用的传统格局，而成为当今社会真正的时尚风向标。自20世纪70年代至今，几乎所有高级时装均开设有高级成衣的产品线或者二线品牌，并成为高级时装品牌的主要经济来源。众多的高级成衣品牌不断涌现，高级成衣企业都会参加每年在不同国家举办的高级成衣发布会。国内高级成衣业的发展，也在随着人民生活水平的提高，品牌意识的加强发展成为一年一度的品牌盛会，展示优秀高级成衣（图3-4）。

5. 高级时装（Haute Couture）　在时尚体系里，高级时装具有流行精致而又艺

图3-4　高级成衣

术化的产品。高级时装是单件设计的有极高完成度的艺术服装，是很费制作工时的高级手工制品。其中Couture指缝制、刺绣等手工艺，Haute则代表顶级，仅从字面意义上就诠释了服饰制作至高的含义，为这类产品而设计的人是高级时装设计师。高级时装既是艺术设计的产物，也借鉴了很多陈列工艺美术的手法，在所有生活着装中，它是最接近艺术品和最具艺术性的服装类别。在西方国家有High Fashion和Alta Mode也代表高级时装，也称"高级定制"或"高定"。真正的高级定制是那些动辄需要耗费100到400小时才能完成的精细品质的衣物，全球真正购买这些礼服的顾客很少。尽管在成衣时代，关于高级时装是否还有必要存在一直有众多言辞，但是至今它仍然起到服装艺术思想引领的效用。特别是法国高级时装设计，其专业经历和鉴赏力，对美的企求和谦虚的态度、高雅的感觉和创新精神、严格的训练和铁一般的规则，在高级时装制作中体现得淋漓尽致。犹如国人认同的艺术服装，作为纯粹的艺术品或者艺术作品的一部分加以陈列和欣赏，它的最大特点是已经相对剥离了服装日常穿用的概念，将服装作为一种独立的美加以非功利的审视，将衣着时尚的创造作为一种艺术思想流派追求的表现，服装只是艺术的物态载体，设计师通过服装形式充分表达自己的情感以及对于客观世界的想象和认知（图3-5）。

图3-5　高级时装

6. 时装表演（Show） 时装表演是最接近于生活的舞台艺术，它不仅对人们生活中着装、服饰起到重要的引导作用，最主要的还在于时装表演中的动作取之于生活，忠实于生活，并且要高于生活。从时尚类报纸杂志到日常用语，"秀"成为20世纪末一个出挑的时髦词汇。在时装界Fashion Show就是时装表演，可分为促销型表演（Promotion）和娱乐型表演（Entertainment）两类，或兼而有之。时装表演中，模特只是一个载体，其表演的中心是要展示服装。在表演中由远到近、由动到静的展示，以气质风度为根本，以服装为中心，通过展示的技巧——穿衣、步法、形体语言、定位亮相等来最大限度地表现服装的艺术魅力、穿着效果，将服装的风貌、风情传达给观众，使观众为服装表现的内涵所感染、陶醉，产生共鸣，这是时装表演的目的（图3-6）。"秀"出现在时装界的边缘地带，此

图3-6　时装表演

外还有发型秀、化妆秀等。

二、商业服装语言

1. 专卖店 专卖店是指一个品牌在特定地区的独家商品销售的店铺，有直销商和代理商之分。专卖店按照品牌的要求，具有统一的店面的装修、统一的产品价格和统一的陈列（图3-7）。

2. 目标市场 目标市场也指品牌定位对应的消费群。著名的市场营销学者麦卡锡提出了应当把消费者看作一个特定的群体，称为目标市场。通过市场细分，有利于明确目标市场，通过市场营销策略的应用，有利于满足目标市场的需要。目标市场的确定主要分为以下三点。

（1）按消费者的特征把整个市场分为潜在市场和细分市场。根据品牌产品本身的风格特性，选定其中的某部分消费者作为市场策略所追求的销售目标，此目标即为目标市场。

（2）企业选定作为其营销对象的消费者群体。由于企业能够生产的产品是有限的，而消费者的需求是无限的，因此，只能在市场细分的基础上，选择部分具有类似消费特性的消费者群体作为目标市场。

（3）当设计或生产的商品上市时可以满足目标消费群的需求。如羽绒服是为在寒冷地带生活的人生产的；有破洞的牛仔裤是为年轻人设计生产的；对于广告产品来说，更应找准其目标市场，如利郎服装是定位中青年男性的，也就是说该广告产品是以这部分人为推销对象的。在设计广告时，策划人员应知道该广告产品的目标市场是谁，确定目标市场的大致年龄、性别等定位（图3-8）。

图3-7 品牌专卖店与橱窗

图3-8 品牌广告

3. 品牌服装 品牌服装是以品牌理念经营的服装产品。品牌服装是具有品牌形象、有市场认知度和商业标志、商业信誉的服装品牌产品系统。品牌是一个完整的组成商品形态或服务形态的整体商业形象，有奢侈品品牌、设计师品牌和大众品牌。

4. 市场营销 服装品牌的市场营销方式有多种，根据品牌产品的销售方式主要分有零售品牌、批发品牌、代理品牌、签约专卖、店中店等。

三、工业服装语言

1. 服装企业 服装企业是指设计和生产成衣的团队。依照企业经营方针的不同而使生产方式有别，归纳起来分为：品牌型服装企业、生产型服装企业和加工型服装企业。

（1）品牌型服装企业。这类企业从品牌理念、设定目标消费群体、商品企划、面料选购、衣物缝制到服装销售，整个设计与生产过程全部都是用自己公司的资金运作的，设有公司管理的专卖店或是在百货商店的店中店，并派遣专属的店长和员工进行管理与销售。品牌型企业不仅生产和出售衣服，还向人们推销某种生活方式。在企业里有完整的品牌体系，如开发系统、生产系统、形象系统、营销系统、服务系统和管理系统等。而非品牌型服装企业，其运作理念、形象系统、服务系统则不全。因此，运用品牌理念运作的产品系统和没用品牌理念运作的产品系统，其运作方式和运作内容是有很大区别的（图3-9）。

（2）生产型服装企业。这类企业没有商品企划，主要以接到订单进行生产为主。根据接单要求来选购面料进行生产，有系统的生产质量要求，企业收取产品的成本费和加工费，生产型企业没有什么独创性工作，只是以下单公司的企划来安排生产（图3-10）。

（3）加工型服装企业。只是根据来样和来料进行加工，生产时所有的加工工序、质量要求和交货方式都完全根据委托方的要求来做，企业只收取加工费。一般来说，这类企业产量较大（图3-11）。

图3-9　品牌型服装智能生产线

图3-10　生产型服装企业　　图3-11　加工型服装企业

（4）根据所有制类型分类。国资企业是以国有资本组成企业，这类企业所推出的品牌为国资品牌。外资企业以外商资本组成企业，这类企业所推出的品牌为外资品牌。合资企业以国内资本和国外资本合作投资组成企业，他们所推出的品牌为合资品牌。民营企业是以国内个人或民间资本组成企业，这类企业所推出的品牌为民营品牌。市场上的进口品牌，一般是在国外注册的品牌。其中，一类是在国外完成产品设计和生产全过程的纯进口品牌；一类是在国外完成产品设计，由国内完成产品的生产加工的境外注册品牌。

2. 服装企业品牌形象　品牌形象包括品牌产品形象和企业形象。

（1）**品牌产品形象**。产品形象是指一个品牌产品的风格形象。品牌产品形象是产品内在的品质形象与产品外在的视觉形象和社会形象形成的统一印象。形象具有超越地域、文化、语言的沟通能力，形象具有强大的信息表达能力。形象是品牌的符号，品牌是使用价值、交换价值和符号价值的统一。

产品形象由产品的视觉形象、产品的品质形象和产品的社会形象三方面构成的。从一定意义上来讲，产品形象代表了企业形象。通过品牌产品在消费者中建立的品牌形象是一个企业在品牌文化建设和发展中逐渐形成或拥有的无形资产。产品形象三个方面的内容具体到产品实施中的很多细节部分，如产品的视觉形象是由产品设计、款式造型、面料选择、色彩搭配、产品PI系统、产品包装、产品广告等组成；产品的品质形象是由产品规划、产品生产工艺、产品管理、产品营销、产品使用和产品服务等组成；品牌产品的社会形象是由包括：产品社会认知、产品社会评价、产品社会效益和产品社会地位等内容组成。

产品的视觉形象、产品的品质形象和产品的社会形象三方面构成社会公众对某个企业或品牌综合评价后所形成的品牌产品总体印象。

（2）**品牌企业形象**。企业形象是通过企业识别系统而传达给社会公众的。现代服装品牌运作的特点就是树立品牌形象，全方位、深层次，有策划、有实施和快速反应控制的能力，并坚持创造性、互利性、战略性、系统性和理论性的原则，导入CIS必须有三大识别系统有关材料：视觉识别（VI）系统包括标志系统、应用系统、CI手册等，VI视觉标识是企业形象图形化重要表现与传达。理念识别（MI）系统包括经营理念、企业精神、广告语等；行为识别（BI）系统包括员工对内对外行为规范等。

只有把企业识别系统作为一项系统工程来实施，从产品制造的每个细节体现出企业精神、品牌理念、品牌文化，才能建立公众心目中的良好形象。服装行业作为传统的消费行业，受益于终端消费，在服装行业进入转型调整期阶段，面临着消费不断升级、需求趋向多元的新变化，即"品牌＋平台"的发展正向管理信息化、运行智能化、产品品牌化、服务专业化的方向发展，这是趋势也是必然。

流行涉及人类社会生活的各个领域，包括衣、食、住、行、用各个方面。人们的生活、学习、娱乐、语言交流等都有流行现象和时尚事件，特别是与人生活最密切的服装，更是人们关注流行的重要方面，穿着流行新潮或时尚的服装已成为享受生活的一种方式。在现代社会，作为企业或品牌来说，掌握流行信息对于服装产品的设计有着重要的指导意义，对流行信息的获得、交流、反应和决策速度将会成为掌握产品竞争力的关键因素。

一、流行概念

所谓流行是指在某一时间范围和空间范围内广为传播的群体思想反映在衣生活上的着装形式。它是社会上风行一时的文化现象，是一种文化与习惯的传播，也是以社会物质和经济发展为基础的现象。

流行时装是现代文明的综合表现，是经济和文化、现代与传统、民族与世界、自然与社会、科学与艺术、个性与潮流诸多相关因素的综合反映。流行产生的基础应该是人类共同的求新和趋同心理，衣着上不断地求新求变使服饰在特定的社会文化氛围中风行或过时，在具有空间性和时间性的艺术形式中去满足人追求完善自我或与他人沟通的需要。

纵观社会流行的各种现象中，服装的变化和"喜新厌旧"的流行特征是最为广泛、也是最为明显的。流行是一种普遍的社会心理现象，是一个时代的表达，它是以模仿为媒介而普遍采用某种生活行为、生活方式或观念意识时所形成的社会现象。在中国服装走向世界的过程中，对于品牌与设计师来讲，了解流行趋势，研究服装流行传播理论，掌握流行的规律，是指导服装设计产品开发及市场营销、提高服装市场的运作能力的十分重要的内容之一，而对于流行信息的收集、分析和应用，无疑是强化竞争力的重要手段。

二、服装流行周期

服装流行有着周期性变化的特征。一般分为四个阶段：流行引入期、流行增长期、流行成熟期和流行衰退期。从历史来看，流行周期的长短不尽相同，有的服装流行周期长达十几年甚至几十年；有的则短至一年或几个月。

1. 流行引入期 引入期是激进敏感的个别人追逐的流行，穿着新式样或不同现有

的服装出现时，这类服装是个性的、新潮的、时尚的。如20世纪60年代朋克服装和马丁靴的出现，当时就是一种时尚，待时尚流行热潮上升，激进的人就会去追求更新的式样或寻求新的浪潮，以前喜欢的式样逐渐被淘汰，这是服装盛衰变化的规律。一般当一个新款式进入市场的时候，新颖性和原创性的特点使引入期的最新服装款式总是处于最高价位（图3-12）。

2. 流行增长期 引入期是少数人追逐的流行现象，当引入期的款式被接受后，逐渐从个别发展至少数人群追逐效仿。成熟的消费者会不断地发展出自己的穿衣技巧，并且将自己的性格投射到服装上来，完成个人风格变化这样一种表达方式（图3-13）。

图3-12 流行引入期的街头服饰

图3-13 流行增长期的街头服饰

3．流行成熟期　成熟期是多数人追赶的流行现象，被市场接受的款式在这一时期的销售量达到高峰。从众心理的消费者，希望不是太时髦，也不太落伍的人群，使这一市场迅速扩大。有时会出现一件款式导致全国上下几乎

图3-14　流行成熟期的街头服饰

所有人都穿的现象，如西服、牛仔裤（图3-14）。

4．流行衰退期　衰退期是服装市场上某一类款式处于饱和的状态，当这种款式不被人们喜欢的时候，这个时期尚存的服装就会大幅降价，以期尽快卖出去，防止最后无人过问而库存。这一时期服装的特点是便宜，而设计师或激进时尚人士往往在这个时候已经准备好了新的款式了。

服装流行就是这样周而复始，但流行具有螺旋式上升的特征，而非周期性的原地不动。流行的魅力就在于设计师不断地推出新的一类服饰风格和设计理念，它不仅浓缩了人们的生活方式，而且反映出不同的时代风貌、社会审美和人文素质。

三、流行与时尚

作为流行文化的一部分和当代媒介，时尚都是一个非常复杂的话题，有待我们去做更细致的分析和更深入的解读。

时尚总是新颖的，总是能闪亮，因为那些流传下来的经典正是源自曾经的时尚流行；或许可以说时尚是富于才情的，因为它们总是不厌倦地做着最前沿的尝试。时尚最显著的特征就是不断地变化和重现，凡是被誉为时尚的事物，一定有前沿性、时代性。穿着流行的服装可被视为时尚，这是最简单的例子。正如前面说到的流行引入期的激进先锋人士，最先接受时尚，最有可能树立起时尚的风向标，引领时尚潮流。流行是时尚的概念大面积扩散的结果，如果时尚的东西失去了大面积扩散的机能，流行也就不存在。流行和时尚差别在于，流行是大众化的，而时尚相对而言是个别的、小众的。因此，时尚是流行的先锋，流行是大众化了的时尚。尽管这种差异有时比较微妙，但已经足够使人的行为产生差异，表现在服饰行为上就是具有先端思想的人会追求服饰上的变异，借以标榜先端超前的意识、行为和形象。

四、获取流行资讯的方法与途径

在知识信息大爆炸的今天，获取流行信息的渠道越来越多，也越来越快，概括起来主要有以下五个方面。

1. 专业展会　具有影响力的专业展会所发布的流行趋势信息是获得国际流行资讯感性资料的主要来源。据行业资料表明，欧洲专业面料博览会在每年的1月和9月，有法国巴黎PV面料展、意大利米兰MODA IN、美国IFFE纽约国际服装材料博览会等。专业纤维和纱线展在每年的1月和7月，有意大利佛罗伦萨PITTI FILATI；每年的6月和12月，有巴黎EXPOFIL纤维和纱线展等，这些展会以其权威的流行发布，集中地展示参展商的流行产品，诠释他们对流行面料的界定和认识。

在世界范围内，有影响力的纱线博览会有英国的纱线展；衣料博览会以德国的杜塞尔多夫的依格多成衣博览会（分女装、男装、童装、运动装博览会）最为著名；成衣博览会主要有法国巴黎的成衣博览会SHEM男装展、佛罗伦萨的PITTI UOMO男装展、杜塞尔多夫的CPD成衣博览会等。由于参展商在行业中的先锋地位和展会上巨大的贸易成交量，在很大程度上左右着国际某一地区的市场流行。因此，这些由权威的专业展会发布的流行信息非常具有参考价值（图3-15）。

图3-15　纱线、衣料博览会和服装博览会

2. 专业出版杂志 国际上有许多出版机构出版大量的杂志和报纸，它们是获得国际流行资讯的理性资料。

（1）**专业服装刊物**：有《女装流行趋势预测》（*Couture*、*the Ultimate Fashion & Beauty Guide For Women*），《国际时装预测》（*Fashion Forecast International*），《时装草图》（*Just Sketches*），《时装新闻》（*Fashion New*），《流行针织时装》（*Vogue Knitting*）等专业杂志。另外 VOGUE、ELLE、BAZAAR、WWD，意大利出版的《时尚》（*Vogue Italia*），《朋友》（*Amica*），西班牙出版的《时尚》（*Cosmopolition*）等。这些都是世界公认的服装时尚杂志，这些杂志在全世界有许多不同文字的版本对倡导流行起着积极的作用。

（2）**色彩预测方面**：有英国 ITBD 公司出版的 *ICA*、荷兰 *VIEW ON COLOUR*、*VIEW COLOUR PLANNER*、德国 *TENDENZFARBE* 等。

（3）**纤维预测方面**：有美国棉花公司、杜邦公司、奥地利蓝精公司、国际羊毛局、新西兰羊毛局等定期发布有关流行趋势的报告。

（4）**面料预测方面**：有意大利 *ITALTEX*、*NOVOLTEX* 以及日本 JTN 等。

（5）**服装预测方面**：有法国 *PECLERS*、*SACHA PACHA*、德国 *READY MADE*、美国 HERE-THERE 等流行资讯顾问机构和专业设计公司聘请的设计人员，多是国际大公司的专业设计人员和行业内的权威人士，预测信息涵盖了服装、针织、印花、装饰等各个方面，以实物样本为载体，出版流行预测的设计手稿。预测刊物具有相当的准确性和参考性，因为这些机构的流行趋势预测常常是将公司的专业研究人员从市场上获得的流行概念通过实物的形式表达，或是以他们未来的产品发展方向为依据，通过巨大的商业投资和宣传，使之具有相当的影响力，在流行趋势预测领域的影响不容忽视（图 3-16）。

20 世纪 80 年代以来，国内出现了一些专业的出版刊物和信息机构，如中国纺织信息中心出版的《国际纺织品流行趋势》、中国服装研究设计中心出版的《中国服装流行趋势预测发布》属于专业类刊物，它以提供国际、国内流行色、面料和服装设计信息为主要报道内容，针对的读者对象是以服装和纺织设计人员。中国服装流行趋势预测发布对推动我国服装业的发展，引导文明而适度的衣着消费发挥了积极的作用。国内还有《时尚》《世界时装之苑》《风采》《装苑》等，这些杂志的读者对象是广大的消费者，属于非专业杂志，也称为时尚休闲类杂志。

3. 社会事件 社会重大事件的发生往往被创造者作为流行的灵感。很多国际上的重大事件都有较强的影响力，引起人们广泛关注。如果服装中能够巧妙地运用事件中的元素，就很容易引起共鸣，产生流行效应。例如，童装设计师需要看动画片，要知道这个时期最流行的动画片是什么，孩子们最喜欢的卡通人物又是谁，只有把童装和生活有机结合，才能设计出孩子们喜欢的流行童装。又如，当人类第一次制造出人造

图3-16　时尚杂志

飞船上天时，受这一重大事件的影响，对宇宙的神往、对科技的重视成为当时最热门的社会主题，由太空宇航为灵感的时装设计风格应运而生，这类以太空宇航为灵感设计的时装有着白色和明快的浅色面料、光泽感的皮质高靴、以钢盔为原型的金属色泽钟形帽、奇异的宇航员眼镜、几何裁剪的具有宇宙航行服显著特征的设计，都是未来主义的标志元素，给人一种前所未有的神秘感和未来感，也成为简约风尚的超前先锋，设计师推出的太空服成为人们关注的流行时装（图3-17）。

4. 信息网络　人类正进入一个网络化的时代，发达的计算机网络正成为人们交流的重要工具，并成为人们日常生活的一部分。在信息资讯发达的今天，媒体网站是信息快速广泛传播的媒介。国外时尚网站，主要有时尚潮流资讯网，介绍国际最新、最流行的时尚服装、服装搭配、名人时尚等内容，解读潮流动向的网站。法国时尚杂志网是一个时尚界杂志信息汇总网站，发布时尚界最新动态和最新资讯，发布精美的时尚摄影图片、名人访谈、时尚新闻、人文动态、艺术、电影、摄影、视频、音乐等信息。日本时尚杂志官方网站，是流行时尚前沿最受女性欢迎的杂志站点。上网阅读国际国内知名纺织、服装企业、边际行业、宣传和推广的产品等都是获得时尚界最新动

图3-17　社会事件引发的时装设计

态信息的一种快捷方便的方法。

5. 时装广告与时装表演

（1）时装广告：繁华都市街区道路两边、购物中心的超大屏幕、广告灯箱，地铁站、公共汽车站、高铁站、飞机场等张贴的各种海报、招贴、宣传画都是绝佳的流行信息来源。任何从商业街区走过的人即使对时装漠不关心，即使一路不进商店，也会自然而然地留下新的时装印象，并会在不自觉中提高审美能力（图3-18）。

图3-18　时装超大屏广告

（2）**时装表演**：是服装流行传播的手段之一，消费者通过观赏时装表演，能够对将要流行的服装趋势和特征有一种直观的了解，使服装流行的文化内涵与消费者的审美观念产生应有的共鸣。时装表演可分为两类：一类是流行导向型表演，是指每个年度流行期由高级时装店的设计师创作发布的原创作品的发布会；另一类是商业性销售表演，销售型表演是产品搭配展示或新产品发布会，是以推销服装产品为目的而举行的商业性服装表演（图3-19）。

图3-19　产品订货会的时装表演

第三节　中国服装业现状简述

一、20世纪90年代崛起

中国有14亿人口，是全世界最大的服装消费国和生产国，服装业的发展大幅推动了中国国民经济的发展，服装产业一直为中国出口创汇做出巨大的贡献。同时中国已成为全世界最大的服装生产加工基地，全世界每三件服装，其中一件来自中国生产。中国服装业从20世纪80年代初，为解决中国占世界1/5人口的温饱问题发展到今天成为世界最大的服装生产国、服装消费国、服装出口国、品牌制造国，为中国现代化建设做出了重大贡献。

服装业的发展不仅直接拉动纺织业、化纤业的发展，也拉动了其他相关产业的发展，这说明服装纺织业的发展顺应了内需增长的需要。

改革开放后，服装业和纺织业最早市场化，表现出较强的优势。中国有占世界30%的原料资源和良好的投资环境，在引进国外先进技术、管理经验和各项配套改革中，市场配置资源的基础作用极大地调动了在服装领域的社会投资和海外投资的积极性。数以万计的小企业遍布全国各地，在东部沿海产生一大批具有专业化、社会化效应的中小企业产业集群，显示出较强的生命力。加之国内服装的消费需求明显出现多层次、时尚化、个性化特点，中国已成为世界服装领域最有活力的服装市场、最有吸引力的投资市场以及人才和设备等要素最为完善的市场。以人为本的科学发展观，使中国服装名牌战略获得了最有创造力的人力资源优势。

在纺织服装的产业链中（图3-20），从纤维、纱线、纺织印染、面料到服装产品，其服装运营主要包括三个环节：研发设计、加工生产以及品牌渠道运营。服装价值链上的利润分配约为：研发设计占35%，品牌渠道运营占55%，加工生产占10%。这就形成了服装行业的微笑曲线，设计研发和品牌渠道运营环节所获得的商业价值远远高于生产加工环节（图3-21）。纵观国内纺织品市场尤其是制成品和服装市场上涌现出的很多被消费者认可的名牌产品，其生产企业无一不是执行严格的技术标准和检验制度，无一不是采用优于国家标准和行业标准的企业内控标准。名牌产品是以优良的产品质量为基础，以高水准的标准为支撑，这些共识和实践对促进纺织工业的技术进步和产品质量的提高起到了积极的作用。

科技发展进入高创新期，将为中国服装业从原材料、设计、工艺、生产、营销、管理到产业链的整体进步带来后发优势，缩短了中国服装业生产力与世界先进水平的差距。制造业全球转移有利于我国扩大国际合作，"一带一路"通过生产、研发、教育、交流、培训、贸易等各种合作方式吸收国际先进文明成果促进国际合作，加速服装业的国际化进程和产业的进步。世界纺织品服装贸易进入后配额时代，我国国际地位日益提高，良好的国际关系为中国服装名牌战略提供更有利的国际贸易和合作环境。分析中国服装业的制造成本优势已面临各种新型贸易保护和种种贸易摩擦的挑战，发达国家的绿色标准门槛越来越高，这使中国服装业继续走粗放型老路的利润空间越来越小，其发展活力不仅要受国内外市场供过于求的制约，也面临原料资源条件不足的制约。因此，推进中国服装名牌战略是

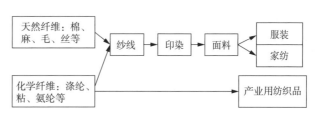

图3-20　纺织服装产品产业链简图

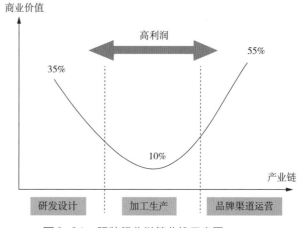

图3-21　服装行业微笑曲线示意图

中国服装业产业升级和可持续发展的客观需要。

坚持科学发展观和坚持新型工业化道路是我们现在确定中国服装名牌战略主题的核心思想。结合服装行业的实际，把提高服装行业国际竞争力的三个焦点，即"质量、创新、快速反应"名牌战略作为工作重点。鉴于服装业是纺织工业的龙头行业，所以这三个焦点也是纺织工业提高国际竞争力的三个重点。推进服装名牌战略，就是用科学发展观的思想，通过走新型工业化道路的实践去达到建设服装强国的宏伟目标。

二、服装品牌发展

过去在物质缺乏的卖方市场时代，国内服装行业只是生产产品，而没有品牌，不重视设计。随着市场经济的形成和买方市场时代的到来，服装市场发生了巨变，跨国服装公司的兴起及其全球化服务战略的推行，国外服装品牌相继进入中国市场，迎来了服装业的变革。国内从原始积累的服装生产企业，逐步认识到品牌的含金量，服装企业开始谈论服装产业升级的关键问题，世界经济增长和贸易格局的发展趋势为中国服装业实施名牌战略带来有利的增长空间和追赶时机。国人开始思考品牌和原创性品牌的打造，以及原创性品牌如何参与国际竞争的话题。中国的服装产品只有创造品牌，才能提升产品的附加值，原创性设计是中国未来服装参与国际竞争重要的砝码。

向名牌进军的质量目标，包括三个方面：物质性能、使用功能、文化品位。关于物质性能的质量评价，包括材料性能和服装结构、物理化学性能、绿色和生态环保标准、设计技术性质量、裁剪缝制整理质量、生产过程环境等。物质使用功能性质量，主要反映在人体工学的适应程度，如人体卫生防护、防污染、防火、防紫外线、防弹、防损伤、隐蔽等功能。关于文化品位，这是一种体验性质量。包括客户对服装的需求从物质层面上升到精神层面的质量需求。它不仅要通过对物质的检测，还要通过消费者的心理体验。因为未来企业的竞争战略是以服务为平台，以商品为道具，以客户为中心，来创造使客户参与、值得客户回忆的活动，客户为了获得这种舒适的过程而愿意付费，这种体验确定了价值。企业不仅提供有形的产品和无形的服务，还提供最终的体验。也就是说，企业不仅在生产产品和服务，还生产一种生活方式。

服装业的国际化进程步伐加快，吸收了海外先进技术、先进管理、先进营销方式和国际化经营经验，带动了中国服装业培育原创品牌和现代企业文化。有这样庞大的市场，必须有专业的设计师队伍，近十几年，中国服装设计师队伍有了较大的进步。由中国服装协会为主举办的国际服装服饰博览会（CHIC）成为亚洲最大规模的国际服装展会，由中国服装设计师协会主办的中国国际时装周越来越引起世界舆论的关注，这些重要的市场活动对业界的影响日益增强，并在国际市场上显示了较强的比较优势。中国服装名牌、中国服装设计师作品频繁在国际权威展会和巴黎等国际时装大都市亮相，受到广泛关注，产生了积极的影响。

竞争激烈的市场行情下，细分市场已成必然。服饰新零售针对详细精准的数据分析，让企业回归营销本质。在互联网带来的大数据融合时代，传统的服装要达到市场要求就必须加入更多新的元素，保证满足消费者个性需求的同时，也为顾客提供更多的选择。"跑步经济"带来了运动品牌的业绩增长和运动品牌崛起；"三胎"政策的落地加速了童装市场的发展挖掘了童装市场潜力；人们对贴身衣物重视程度的提升带来了内衣品牌空间的发展，这也是市场细分化下的服装市场发展趋势。

三、服装设计师

在服装设计中最为关键的要素就是设计师，设计的本质是创新。成为一名合格的服装设计师，必须获得以下相关的能力与素养。

1. 专业能力

（1）**服装速写能力**。这是艺术表现的基础和绘画技法能力，绘出良好的服装效果图是与人沟通和表达的先决条件。设计师首先应该对人体的基本结构、人体比例以及各类人的形体特征有较强的知识基础和系统的认识，还包括对不同人群的生理与心理的了解，这是设计思维与表达的基础。

（2）**色彩搭配能力**。在理解色彩原理知识基础上，应用色彩的基本特性进行色彩对比，掌握色彩调和的配置规律，对服装的色彩进行有效搭配，使服装设计色彩达到预想的视觉效果，这是设计思维与表达必备的基础知识与专业知识。

（3）**利用服装材料创新的能力**。设计不仅是一张图纸，更重要的是选择材料或设计再造材料。对服装材料性能的认知，掌握各种材料的特性，运用材料来实现自己的设计构想，这是一种时尚与审美领悟的专业眼光与专业技术的表现能力（图3-22）。

（4）**审美鉴赏能力**。这是一种发现美、感悟美与评价美的事物特征的能力。对艺术的审美鉴赏力，是艺术家或设计师必须具备的专业眼光与品位。也即对自然界和社会生活的各种事物和现象做出审美分析和评价时所必须具备的审美修养、艺术想象与敏感的感受力、判断力、想象力和创造力。

2. 专业素养

（1）**自主学习**。积累是专业素养提升第一步，自主学习是在具有社会常识的基础上，重视专业资料和各类信息的收集整理。专业资料和各类信息的收集积累在服装设计的学习提高过程中是十分必要的，也是最基础的，这是一项不能间断的长期工作。人的思维能力的增强是通过不断学习和实践获得的，人脑对某类信息接收和储存得越多，相关的思维能力也就越强。

（2）**模仿学习**。模仿学习是向专业迈进的开始，善于在模仿中学习提高。模仿行

图3-22　设计师绘画基本表现与审美能力

为是高级生命共有的本性特征。在学习过程中使用模仿手段，从行为本身来看，与创造相反，模仿不能表现出自己的技术或能力有多好，但是，应该看到，许多成功的发明或创造都是从模仿开始的，所谓"取法于上，仅得其中"，是古人比喻效仿于高超、精湛的学识技艺的一种方法。

（3）对时尚敏感。尽快让自己变得敏感于时尚，设计创作的最初灵感和线索往往来自生活中的方方面面，有些事物看似平凡或者微不足道，但其中也许蕴含着许多闪光之处。如果设计师对身边事物熟视无睹，不能发现它们闪光的存在，就不能及时地去捕捉和利用它们，就会与有用的设计素材失之交臂。你设计的时装是否受到市场欢迎，在很大程度上取决于是否具有时尚性和流行性。对时尚流行的感悟是一个优秀设计师必须具备的才华和灵气。培养内心对时尚的敏锐性，要让思想变得更具现代意识，在这样的意识下才能更好地发掘时尚。

（4）操作能力。服装设计的最终效果是以成衣呈现的，因此，设计师应懂得如何使自己的设计构想通过技术，即剪裁和缝制工艺达到最佳的设计效果。服装技术工艺包括量体、制图、剪裁、缝制等工序。量体可以得到人体准确的尺寸；服装制图是服装平面化分解设计衣片的过程，一般分净缝制图和毛维制图；裁剪即从制图开始至剪裁衣料的过程，服装裁剪方法，主要有两种，即平面剪裁法和立体的裁法；缝制是在制图和裁剪的基础上，根据具体的服装造型，运用科学的规范的工艺流程，对衣片进行加工制作的过程，在缝制过程中，手针和熨烫是重要的辅助手段，并贯穿整个缝制过程的始终。

（5）社会职责与团队协作能力。作为不断创新的设计者，具有上述专业知识能力的同时，还应该具备职业操守、社会责任，才能担当好这项工作。因为现代服装业是一个技术密集、人才密集的技术产业，是一个涉及面很广、专业性很强的行业，服装在社会、经济、生活等多方面有着重要的作用和影响，特别是品牌服装设计师或设计主管、设计总监，应该具备"那种无形的力量，统帅能力"服装人应该是半个美术家和半个商人。

💡 思考与练习

1. 我国幅员辽阔，在流行趣味上有些区别，试分析这种区别的现象和原因。
2. 设计师有哪些共性特点？服装设计师有什么个性特点？
3. 服装设计师的能力表现在哪些方面？什么是设计师的本质？
4. 分析服装与时尚有什么关系？时尚是服装天生的特性吗？

服装品类

第四章

课题名称： 服装品类

课题内容： 1. 服装制造业产品分类

2. 商业服装商品分类

3. 按服装用途分类

4. 其他角度分类

课题时间： 2课时

教学目的： 通过本章学习，使学生了解服装的产品分类、商品的分类以及按照不同用途和其他角度的分类方法等。

教学方式： 课堂讲授、课堂提问。

教学要求： 掌握服装品类的不同特征。

课前（后）准备： 课前可根据知识点预习，课后完成思考题与练习。

第一节　服装制造业产品分类

作为服装生产的企业和服装销售的商业都要围绕服装这一产品和商品来进行各类活动，从服装业不同的角度分类有利于厘清服装的多重性。下面将从产品和商品归纳分类。

服装产品是指机械工业时代企业对制造资源，包括物料、设备、工具、技术、信息和人力等，按照市场要求，通过制造过程，转化而成的可供人们使用和利用的工业品与生活消费产品。服装服饰产品制造的整个链条中，主要包括纺织业、纺织服装、服饰业以及皮革、毛皮、羽毛及其制品和制鞋业等。根据在生产中使用的物质形态，产品完成流程包括：产品设计、原料采购、设备、产品制造、仓储运输、订单处理、批发经营、零售等。其生产类型主要有：按定单设计生产（简称ETO）或按自有品牌项目设计生产。其中分为单件制作、批量生产或重复生产等生产形式。服装服饰品类按照生产方式分类有：

一、机织产品

以机织面料为主材料加工生产的服装统称为机织服装，也指服装厂或服装加工生产的厂家，主要设备是加工机织产品的平缝机（缝纫机）。在所有的服装成品中，机织服装占有绝对的优势，无论在品种上还是在生产数量上都处于领先地位。机织服装因其款式、生产过程、工艺、风格等因素的差异在加工流程及工艺手段上与其他类别的服装有很大的区别，在服装制造中分设男装和女装的设计加工生产。常用的机织面料组织一般有平纹、斜纹和缎纹三大类，另外还有它们的变化组织。

机织服装无论在品种上还是在生产数量上都是服装中的一大类，依其织物纤维特点还分棉布服装、呢料服装、丝绸服装、麻类服装、化纤服装等。机织服装生产流程：面辅料进厂检验→技术准备→裁剪→缝制→锁眼钉扣→整烫→成衣检验→包装→入库或出运等，在整个流程中，首先要进行技术准备，主要是工艺单、样板制作和样衣制作，样衣经客户确认后方能进入下一道批量生产的流水线流程。同时，面料经缩水测试、经过裁剪、缝制半成品，有些机织物制成半成品后，有特殊工艺要求，须进行后整理加工，如成衣水洗、成衣砂洗、扭皱效果加工等，最后通过锁眼、钉扣、辅助工序、整烫工序，再经检验合格、包装、入库。机织类主要产品有：

1. 衬衫类　衬衫依照品类的穿着场合可分为传统衬衫、日常衬衫、流行衬衫三类。传统衬衫款式有礼服衬衫、褶边礼服衬衫、中国领衬衫。日常衬衫款式有：常规长短袖男衬衫、长短袖女衬衫、长短袖儿童衬衫。流行衬衫款式有：时装男衬衫（长、

短袖），时装女衬衫（长、短袖），夹克
式衬衫等（图4-1）。

2. 裤类 裤装是有裤裆和裤腿的
下装，是一年四季均需穿用的服装。从
品类风格分为休闲裤、运动裤、西服
裤、哈伦裤等；从材料加工分为毛呢西
裤、全棉休闲裤、化纤西裤、牛仔裤
等；从裤子长度分为热裤、短裤、五分
裤、七分裤、长裤等。从裤子造型形状
分为直筒裤、喇叭裤、香烟裤、马裤、
裙裤等；从自然人性别年龄分为男裤、
女裤、童裤等（图4-2）。

图4-1 衬衫

图4-2 裤类

3. 时装类 时装包括日常穿用的
所有品类，如连衣裙、套装大衣等。连
衣裙是一件式样式，从夏季到冬季都有不同的材料样式的产品，不同年龄段的女性都
可以穿着，适穿性强。套装是上衣与下装分开的衣着样式，四季可穿用。主要有两件
套裙或套裤、三件套裙或套裤；男西服套装（上衣、马夹、裤子）；女式裙套、裤套
（上衣，马夹、连衣裙、半截裙、裤）等。大衣多是春、秋、冬季穿用的服装，其产品
有风衣、呢大衣、披风、裘皮大衣、棉大衣、雨衣等（图4-3、图4-4）。

4. 羽绒服类 羽绒服是以填充材料制作的服装样式，多是冬季穿用的服装。生
产羽绒服须有专用设备，在国内行业如波司登等羽绒服有专门设计生产的厂家。其产
品品类有：男式羽绒服大衣式长款、外套式中款、背心式短款；女式羽绒服大衣式长
款、外套式中款、背心式短款；儿童羽绒服大衣式长款、外套式中款和背心式短款
（图4-5）。

5. 牛仔服类 牛仔服一年四季均可穿用，其制作须有专业设备和专门生产厂家。
牛仔布品种有从薄型5盎司到加厚型15盎司多种弹力加混纺牛仔面料，与水洗整理工
艺如漂洗、酶洗、石磨整理、生物抛光整理和纯棉服装的免烫整理等，水洗工艺以及
设计制作的多品种牛仔服装。牛仔产品有男女式和儿童的牛仔上衣、牛仔裤、牛仔背
心、牛仔裙、牛仔外套等（图4-6）。

6. 礼服类 礼服类产品是采用高级面料精致工艺设计制作，多为出席正式场合穿
用的正规礼仪服装。主要产品有男式燕尾服、晨礼服、一般礼服、套装；女式晚礼服、
婚纱礼服、小礼服和儿童礼服等（图4-7）。

图4-3　连衣裙、套裙、套裤

图4-4　大衣、套装　　　　　图4-5　羽绒服

图4-6　牛仔服

图4-7　礼服

二、针织产品

针织布是利用织针将纱线弯曲成圈并相互串套而形成的织物，分经编针织布和纬编针织布。针织服装厂或服装加工生产的厂家所用的主要设备与机织产品是不一样的，圆

机横机设备只能加工针织产品，相对机织布，它具有产量高、适合小批量生产的特点。针织产品具有质地柔软、吸湿透气、抗皱和透气等特性，还具有延伸性与弹性。针织服装穿着舒适、无拘束感、能充分体现人体曲线，适宜于做内衣、紧身衣和运动服等。是当针织物改变结构、提高稳定性后，同样可用于制作外衣、时装、礼服、镂空装、蕾丝装等。针织产品可以归纳为针织内衣、针织外衣、羊毛衫和针织配件四大类。

1. 针织内衣 针织内衣是纺织服装市场最受消费者关注的服装品种之一，有"人体第二皮肤"之称。内衣的主要功能是保暖、吸汗、保护人体肌肤等。随着人们生活水平的提高，现代的内衣还要求能调整人体体型、起某些装饰和保健作用，因此内衣的概念已经发生了很大的变化，除了一般的贴身内衣外，还分出补整内衣、装饰内衣、塑身内衣和练功衣等。补整内衣及塑身内衣其主要品种有：胸罩、塑腰、裙撑等。常见的内衣品种有：圆领半襟衫、短袖开襟衫、罗纹圆领衫、鸡心长袖衫、背心、小开口衣裤、平脚裤、三角裤等，还包括运动穿着的运动内衣、打底衫等（图4-8）。

图4-8　针织运动衫

2. 针织外衣 针织外衣是指使用针织面料制成的外衣。由于针织外衣面料具有很好的弹性，使针织外衣更适合作为休闲装和运动装穿用。主要产品有针织运动服装，在针织外衣市场中占重要地位。根据不同季节和着装场合不同，针织外衣品种繁多，款式丰富。日常用休闲针织产品有：T恤衫、旅游休闲装、学生装以及日常用休闲类服装等。利用针织面料的弹性和悬垂性等特点，还能制成各种社交礼服，具有优雅、华贵的效果。另外，还有仿毛针织外衣、仿绸针织外衣、仿绒针织外衣、仿皮针织外衣、涤盖棉针织外衣等产品（图4-9）。

图4-9　针织外套

3. 羊毛衫 羊毛衫本指用羊毛织制的针织衫，而实际上"羊毛衫"现在已成为一类产品的代名词，羊毛衫服装通称毛衫服装，又称毛针织服装，是用毛纱或毛型化纤纱编织成的针织服装。毛针织品指以羊毛、羊绒、兔毛等动物毛纤维为主要原料纺成纱线后织成的织物，诸如兔毛衫、雪兰毛衫、羊仔毛衫、腈纶衫。由于毛织物的舒适性能优越，使毛衫服装在整个服装领域中占有越来越重要的地位。毛衫服装正向外衣化、系列化、时装化、艺术化、高档化、品牌化方向发展（图4-10）。

针织服装表现出夸张新颖的全新的肌理凹凸质感，新型面料技术实现了针织廓型更多的可能性，与各种材质的混搭组合，使得针织无论在街头摇滚、摩登中性还是性感华丽的风格中都应用广泛（图4-11）。

图4-10 羊毛衫

图4-11　针织、编织时装

4. 针织配件　针织配件包括帽子、袜子、手套等，是直接编织成形或部分成形产品。

针织物除上述四大类外，还有床单、床罩、窗帘、蚊帐、地毯、花边等衣着生活方面的装饰用布。另外，在工业、农业和医疗卫生等领域也得到广泛应用。比起全棉系列的温文尔雅和正装系列的端正严肃。

三、皮革及裘皮产品

皮革服装类是以皮革面料和裘皮为主要面料制作的产品类别。服装厂或服装加工生产的厂家所用的主要设备是加工皮革和裘皮产品的。皮革服装是以真皮（光面）为主要面料，并辅以纺织品及纽扣等配件加工而成的衣服，俗称皮衣，男女装都有，如夹克衫、猎装、西服、马甲、风衣、裤子、裙子等。我国制作的皮衣多以牛皮、山羊皮和绵羊皮为主，也有一定量的猪皮服装。裘皮服装是指用裘皮为面料做成的服装，裘皮指动物带毛皮经鞣制加工而成的材料，裘皮主要突出其毛色，款式较为简单，以女装为主，有A型或H型。裘皮服装属高档服装，主要产品有：男女士裘皮外套、裘皮大衣、裘皮披肩和裘皮斗篷等（图4-12）。

图4-12　皮革裘皮时装

四、技术特色产品

1. 中式服装　中式服装是以中国传统的造型和裁剪方式为基础制作的服装。在手工艺技巧上有，独特的镶、嵌、绲、荡技法以及盘花结扣等。服饰配件都富有传统的手工艺特色，这一节点可参考第二章内图片。

2. 刺绣服装　刺绣服装指有绣花工艺的服装。一般刺绣有手绣和机绣（电脑绣）两种。刺绣方法丰富多种，主要有平绣、拉绣、雕绣、刻绣、立体绣、十字绣、贴补绣等。

3. 呢绒服装　呢绒服装是以呢绒面料和毛料设计制作的服装。呢料服装裁剪做工精致严谨，缝制中需采用归拔、熨烫、手工针缝等工艺技法进行服装的造型。

4. 丝绸服装　丝绸服装是用真丝面料设计制作的服装，以柔软、轻薄、飘逸为特色。一般纯蚕丝面料服装称为真丝服装，而以天然丝、人造丝、合成丝等丝织品为面料制成的服装称为丝绸服装。丝绸服装裁剪、缝制工艺比一般服装面料工艺要求更加严格精细。

5. 内衣　内衣是指贴身穿的衣物，包括肚兜、汗衫（长袖、短袖、背心）、内裤、抹胸、胸罩等。在内衣制造业中主要分文胸生产和内衣设计加工生产，特别是女士内衣的生产有其专门的厂家、设备和工艺流程。内衣产品有：男式内衣、背心、内裤、睡衣、睡裤、睡袍、浴袍等；女式内衣、文胸、内裤、睡衣、睡裤、睡袍、浴袍等；儿童内衣、内裤、睡衣、睡裤、睡袍、睡袋等。内衣有吸汗、矫形、衬托身体、保暖及保健的作用。

内衣外穿是当下流行的一种穿衣方式和搭配风格，指以内衣特征设计为外衣的穿着风貌。其主要表现为胸衣、花边内裤被用于外衣组合中，或作为外衣的构成元素，给人以特殊的印象（图4-13）。

图4-13　内衣外穿

第二节 商业服装商品分类

我国零售商场对商品类别的分类主要有三种方法。一是以品牌定位划分；二是以价格划分；三是以管理商品角度划分。

一、以商品用途品类划分

1. 休闲服装 休闲服装是指以休闲风格为主要产品线路的服装类型。主要分为：商务休闲、运动休闲、生活休闲和家居休闲装。休闲品牌常常男女服装兼营，商品放在同一个卖场内销售。

2. 职业服装 职业服装是指以礼节性工作场合为穿着环境的服装类型。讲究产品的质地，属于比较成熟经典的服装。

3. 运动服装 运动服装是指非体育比赛用的具有运动趣味的服装类型。设计上注重创造轻松活泼的氛围，带有运动特点。

4. 新潮服装 新潮服装是指具有超前意识的时装品牌类型。设计概念比较新颖，突出个性和特色的服装，卖场形象也比较新奇。

5. 礼仪服装 礼仪服装是指具有华丽典雅和高贵经典风格的服装类型。礼服可分为日礼服、小礼服、晚礼服等。

二、以商品价格划分

1. 高档服装 高档服装是以产品构成要素的高标准而组合的服装。此类品牌的产品制作成本高，品牌形象好，价格昂贵，一般在高档商场里设置形象一流的专卖柜，或开设专卖店、店中店。

2. 中档服装 中档服装是以产品构成要素的一般标准组合的服装。此类品牌的产品制作成本一般，但比较强调流行要素，价格中等，是服装市场的主流品牌。

3. 低档服装 低档服装是以产品构成要素的低标准而组合的服装。此类品牌的产品制作成本较低，品牌形象不够完整，知名度低，价格低廉，通常在一般百货商场内设专柜、超市或被商场集中后分类销售。

三、按照经营商品区域划分

1. 男装区 男装区是指以男装为主要销售商品的区域。基本分类有国外时装品牌、国内时装品牌、高档高价位品牌、中价位品牌、低价位品牌；还包括潮流服装、休闲服装、休闲商务服装、运动户外品牌服装等，这三类品牌服装一般是男女装都有的混合经营销售（图4-14）。

2. 女装区　女装区是指以女装为主要销售商品的区域。基本分类有国外品牌、国内品牌、淑女装、少女装、妇女装、休闲装等。商业上为了区分服装类别的需要，将比较成熟的略带职业装风格的介于少女和妇人年龄段之间的女装称为淑女装。妇人装是以成年妇女尤其是中老年妇女为穿着对象的服装。此类服装在女装中所占比例不大，但是随着社会年龄结构的变化，应该注重这一年龄层服装的设计（图4-15）。

3. 童装区　童装区是以童装为主要销售商品的区域。基本分类有国外品牌、国内品牌；男童服装、女童服装、婴儿服装等（图4-16）。

图4-14　商场男装品牌　　　　图4-15　商场女装品牌　　　　图4-16　商场童装品牌

4. 内衣区　内衣区是以男女内衣家居服为主要销售商品的区域。主要有女性内衣、孕妇装、男性内衣和男女家居服等。

5. 毛衣区　毛衣区是以男女毛衫为主要销售商品的区域。

6. 服饰品区　服饰品是衣服以外穿戴在人体上的配饰。主要有首饰类、围巾类、领带类、腰带类、帽子类、眼镜类、箱包类、鞋类、袜子类、手套类、化妆品类等。服饰品有些以装饰目的为主，有一些以实用为主，譬如鞋、帽、包的生产基于实用，在使用过程中，它们不断地被赋了新的美感，从而使其形式不断变化。帽类是指戴在头上用于遮阳、保暖、挡风或礼仪意义的物品，包括有男士帽、女士帽、童帽；礼帽、休闲帽等。首饰类用于头、颈、胸、手等部位的饰品，包括耳环、项链、面饰、鼻饰、腕饰、手饰等。领饰类用于领口和紧挨领口部位的装饰物，如领带、领结、领花、别针、胸针等。围巾披肩类以实用或装饰为基础用于颈部、肩部的饰物，如羊毛围巾、羊毛披肩、纱巾、丝巾等。腰饰类是指用于腰间的各种装饰称腰饰，如腰带。包袋类是以实用为基础，又带装饰性的背、挎在肩上或拎在手上的盛物物品，包括有男士包、女士包、休闲包、晚宴包、公文包、皮包、箱包、书包、编织包等。手套类是以实用为基础用于手部位的物品，有防护保暖和装饰作用，如长手套、短手套、皮手套、棉手套、丝质手套等（图4-17）。

7. 鞋类区　鞋类主要是实用作用，分有男鞋、女鞋、童鞋；包括皮鞋、布鞋、凉鞋；浅帮鞋、中帮鞋、高帮鞋靴、运动鞋、舞蹈鞋、戏剧用鞋等（图4-18）。

图4-17　内衣、帽子、围巾、领带、包袋、首饰

图4-18　鞋类

8. 其他饰品类　饰品包括眼镜、手表、手机、扇子、伞等。服饰品在着装中依时装风格和功能性的需要，运用恰到好处的饰品搭配可以给服装增添色彩和意境氛围。

第三节　按服装用途分类

　　按服装用途分类是人们生活中认知和使用频率最高的一种方式。围绕人的活动，或工作，或学习，或会议，或旅游等，人们每一天都会有各种活动或出席各种场合，在不同的场合有正确的着装，这是现代人所必须具备的基本常识，也是设计师设计时首先考虑的基本定位。场合环境对服饰的选择主要是TOP原则，即着装要考虑到时间

（Time）、目的（Object）、地点（Place）。其含义是要求人们在选择服装、考虑具体款式时，应兼顾时间、目的、地点，并使穿着具体款式与着装的时间、地点、目的协调一致，达到和谐般配。这是有关服饰的礼仪，是指人们在社交场合、商务场合以及各种场合穿着得体的实用性礼仪。

一、工作场合的职业装

职业装，又称工作服，是依据职业工作需要而设计制作的服装。职业装需根据行业的要求，考虑到工作时的环境，结合职业特征、团队文化、年龄结构、体型特征、穿着习惯等，从服装的色彩、面料、款式、造型、搭配等多方面考虑，才能为企业塑造富于内涵及品位的职业形象。各种职业的服装是把那个集团的理念和思想作为统一标准和行动具有规定性效果的服装，穿着职业服是为了表示机构、企业、公司、学校等团体或身份，将不属于这个团体的人加以区别的、具有标识性外观的服装。下面仅介绍几种有代表性的职业装品类。

1. 航空业职业装　主要有空姐制服、空乘制服、飞行员服、地勤作业装、管理人员装等（图4-19）。

图4-19　航空业职业装

2. 交通业职业装　铁路运输职业装主要有乘务员服装、乘警服装、地勤人员服装等。

3. 冶金业职业装　主要有炉前工装、冷轧工人装、热轧工人装、行车司机服等。

4. 宾馆餐饮业职业装　服务业职业装主要有门童、前台工作服、客房服务服、维修工服、保洁员服及大厨、传菜、点菜等员工服（图4-20）。

5. 校服　校服主要有大学校服、中学校服、小学校服和幼儿园服，其中分别有教师服装（教师礼仪服装、教师常服）大中小学生常服、大中小学生礼仪装、大中小学生运动服、幼儿园幼教、大中小班服、少先队服等。

鉴于每一位执业人员的形象均代表其所在单位的形象及企业的规范化程度，因此从业人员的着装必须与其所在单位形象、所从事的具体工作相称，做到设计有别、职级有别、职业有别、岗位有别、身份有别，即"干什么，像什么"，这样才会使着装恰到好处地反映职业归属和企业形象。

图4-20　餐饮业职业装

二、正式场合的礼仪服装

所谓正式场合，指气氛比较庄重的场合，比如首脑会议、人民代表大会、学术性正式场合、面试、会议、演讲等有秩序的、气氛严肃的场合。在这些场合中，服饰选择要干练、简洁、端庄，服装并非一定要高档华贵，但须保持清洁、平整，穿起来大方得体，显得精神焕发。正式场合着装应以整齐、端庄、雅致为好。风俗性正式场合包括生日、婚礼等仪式，晚会、晚宴等气氛或严肃或活泼，或安静或热闹的场合。在这类场合中合适的服饰搭配能传达出对仪式或晚会的注重，一般为高贵华丽、优雅时尚为主的小礼服和晚礼服，配上相应的配饰（图4-21）。

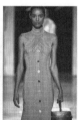

图4-21　正式场合着装

还有一些风俗性的葬礼仪式上，华艳的色彩都是应该避免的。职场公务（小型会议、教师讲课）切忌穿着过于鲜艳、过于杂乱、过于暴露、过于透视、过于短小和过于紧身的装扮。

三、非正式场合的休闲服装

非正式场合一般是指日常娱乐性生活，人在工作之余，需要休闲、购物等，包括居家、约会、派对、聚餐、运动、旅游等场合。一般这种场合穿着比较休闲的非正式着装和较潮流的服装。如连衣裙、休闲服、休闲运动服、牛仔服、T恤衫等。派对也是娱乐性活动之一，主要是举办家庭朋友之间的聚会。与正式的晚宴派对相比，这类服饰风格轻松，没有过多的拘束和要求，着装虽然没有严格的要求和标准，但合适的搭配可以提高服饰的舒适度，会提升自己的个人魅力，展现个性、品位和服饰时尚（图4-22）。

四、比赛运动服装

运动服装一种是以专业体育项目需要为目的的着装。如专业泳装、潜水服、球服、滑雪服、体操服、冰上运动服、赛车服、登山服等，是依据体育项目活动的特点进行专业项目比赛活动穿着的服装（图4-23、图4-24）。另一种是不以专业运动为目的着装，即休闲运动装。在现代社会快节奏的工作和生活环境下，人们利用闲暇时间主动积极地体验各种以身体活动为基础的娱乐、健身的过程，是身体放松必不可少的一种运动。休闲运动着装是指在这些运动时穿着的服装，而非指专用于体育运动竞赛或从事户外体育活动穿着的服装（图4-25）。

图4-22　非正式场合着装　　　　　　　图4-23　泳装、体操服

图4-24　赛车手服装　　　　　　图4-25　休闲运动服装

五、家居服装

家居服是指在家中休息或操持家务会客等场合下穿着的一种服装。2007年3月16日，中国纺织品商业协会家居服专业委员会正式成立，初步提出了家居服的定义：与家有关，能体现家文化的一切服饰产品。由睡衣演变而来的家居服，早已摆脱了纯粹睡衣的概念，扩大了穿着的范围，因"家文化"的需求而产生了包括传统穿着于卧室的睡衣和浴袍、吊带裙，包括可以出得厅堂体面会客的家居装，可以入得厨房的工作装，可以出户到小区散步的休闲装等。家居服特点是面料舒适，款式大方，行动方便。随着人们生活水平的不断提高，慢慢把目光聚焦在如何更好地享受生活，而家居服概

念体现的就是讲究的生活态度。家居服已深入各城乡居民的家庭，形成一个庞大的产业，市场细分越来越专业，款式也越来越趋国际化（图4-26）。

图4-26　家居服

第四节　其他角度分类

一、历史角度分类

1. 原始服饰　原始服饰指在茹毛饮血的猿人时期，人们用兽皮和树叶保护身体，遮蔽烈日或御寒的服装，这是最原始服装的雏形。在纺织技术尚未发明之前，动物的毛皮是人类服装的主要材料。在距今25000年周口店山顶洞中发掘出的骨针足以证明，北京山顶洞人已用骨针缝制兽皮的衣服，用兽牙、骨管、石珠等做成串饰进行装扮，可以说正是中国服饰的起源期。进入了新石器时代，出现了石和陶制的纺轮，说明了除兽皮外，人类还会用植物纤维来纺和织，使衣服的原料又发展了一步，有了人工织造的布帛，服装形式发生变化，功能也得到改善。贯头衣和披单服等披风式服装已成为典型的衣着，饰物也日趋繁复，并对服饰制度的形成产生重大影响，在相当长时期和较多的民族中普遍应用，基本上替代了旧石器时代部件衣着，成为人类服装的雏形。

2. 古代服饰　中国服饰文化源远流长，敦煌石窟的壁画和彩塑保持了丰富的古代服饰的图像和资料。敦煌石窟图像大致可分为三类。第一类是供养人服饰；第二类是

故事画、经变画、史迹画中世俗人物的服饰；第三类是佛国人物的服饰，包括佛、菩萨、天王、力士及诸天等。从这些壁画彩塑人物的服饰可以了解中国中古时代的衣服样式和色彩（图4-27）。

图4-27　敦煌石窟的彩塑和壁画

　　中国汉族的传统服饰，不是单指汉朝的服饰，而是从黄帝即位至明末这四千多年中，以华夏礼仪文化为中心，通过历代汉人王朝推崇周礼、象天法地而形成千年不变的礼仪衣冠体系，是汉民族传承千年的传统民族服装，是最能体现汉族特色的服装。汉服"始于黄帝，备于尧舜"，源自黄帝制冕服，定型于周朝，并通过汉朝以四书五经为依据形成完备的冠服体系。服装和配饰体系是中国"衣冠古国""礼仪之邦""锦绣中华""丝绸之国"的体现，承载了汉族的染、织、绣等杰出工艺和美学，流露出华夏民族和谐端庄、天地人和以及精巧细致的审美倾向。汉服还通过"华夏法系"影响了整个汉文化圈，亚洲各国的部分民族，如日本、朝鲜、越南、蒙古、不丹等服饰均具有或借鉴汉服特征。西方这一时期服饰，从服装形态上来看，经"罗马式时期"和"哥特式时期"的过渡，最后落脚到以日耳曼人为代表的"窄衣"文化。

　　3. 近代服饰　汉族服饰虽历朝历代皆有变化，但在同一历史时期则是相同或相近的。汉服有两种基本形制，即上衣下裳制和衣裳连属制。它们各具特色，充分揭示出不同朝代，不同环境下，人们对生活、对美的种种追求。中国尽管人口众多、分布广泛，然而从江南到塞北、从沿海到内地，汉族服饰仍保持着基本统一，不像其他民族服饰往往因地域不同而出现许多迥异的支系类型。汉族服饰款式结构统一，工艺制作类似，特别是图案装饰相近，有着平面十字型结构的变迁体系及独特的风格（图4-28）。自1840—1949年，西洋文化浸透着中国本土文化，许多沿海大城市，尤其

图4-28　汉民族服饰

是上海这样的大都会，因华洋杂居得西方风气，服饰也开始发生潜在的变革。早期，服装款式仍然是长袍马褂为男子服饰；女子服饰为上袄下裙。之后，商业贸易日渐昌盛洋货大量倾入，羽纱、呢绒、洋绸、花布等充斥市场，使传统的服饰穿着变动，西方缝纫方式开始流行起来。无论是从规模、深度、对于生活方式的选择上，还是从对多元文化共存的摸索上，都具有非同一般的影响（图4-29）。

图4-29　旗袍的变化（引自电影《金陵十三钗》剧照）

西方从近世纪文艺复兴开始至法国大革命以后的政治变革给服装带来明显的样式变化，贸易的发展把欧洲人带出了中世纪的黑暗，引向文艺复兴的峰顶。最初的发展与变化就是在纺织业上全面展开的。这一时期服装的特点：男装转向简洁功用性，追求服装的合理性和机能性；女装按照服装史发展的顺序周期性地重现过去曾出现过的样式。19世纪又被称为流行的世纪或"样式模仿的世纪"，女装将古希腊风格、西班牙风格、洛可可风格和巴斯尔样式一一重现。

4. 现代服饰　在现代生活中，由于经济的发展，使人们的生活方式和审美要求变得多样化、个性化，服装也不能例外。现代服饰一般分为时髦、流行与传统三类。自从1672年巴黎出版了世界上第一本介绍服装式样的期刊《靓妆信史》以来，1900年巴黎举办了第一场世界时装博览会。20世纪初，法国服装大师保罗·波烈特（Paul Poiret）大胆废除了"紧身胸衣"，开始使女装走向现代之路。服装设计网络化已成为现代服装设计的新理念，提出"虚拟服装设计，超维视觉服装设计，绿色服装设计，文化内涵服装设计"等现代服装设计理念。20世纪末，国际时装界青睐东方风格，东方的典雅与恬静，东方的纯朴与神秘，开始成为全球性的时尚元素。

二、服装风格分类

服装风格是指服装作为物质所反映出来的视觉形象的表征，随着历史发展而约定俗成的相对稳定的形象类型。历史沉淀以后的风格有：古典怀旧风格、华美浪漫风格、军旅中性风格、田园风格、街头风格、民族风格、都市现代风格、休闲运动风格等。

1. 古典怀旧风格　古典怀旧风格给人经典的、雅致的、怀旧的、传统的、复古的、古典的等印象。古典怀旧是以正统高雅与高度和谐为主要特征的一种主流服饰风

格，表现的是对传统文化、传统风格的追求，具有很强的怀旧、复古的倾向，一种对历史的回忆、传统格调和装饰意味的向往。优雅、浪漫、正统、高贵、气度不凡是这类服饰风格的印象。以X形、倒三角形加A形、长度至脚踝的圆台形都是这类服装的外形特征，有华丽柔美的观感、繁复凝重的观感（图4-30）。

图4-30　古典怀旧风格的服饰印象

2. 华美浪漫风格　华美浪漫风格给人华丽的、妩媚的、柔和的、浪漫的、女性化的等时装印象。夸张的衣型、多变的曲线，节奏感强，类似断层式"草园装"的裙子，有较多的装饰，一般选用柔美光滑、光艳的材料来表现这类风格的服装；对比因素形成了华丽浪漫的观感，表现出一种色彩靓丽、线条多变、富丽堂皇和豪放的气氛，突显浪漫的观感（图4-31）。

3. 都市现代风格　都市现代风格给人简洁的、轻便的、时尚的、硬朗的、都市的等时装印象。造型简练、线条流畅和有一定力度直线的服装外观，与大都市纵横的街道、笔直的大厦相呼应，是正规的、端庄的、文雅睿智的时装印象和都市形象，或者有点职业时装和商务休闲的感觉（图4-32）。

图4-31　华美浪漫风格的服饰印象　　　　图4-32　都市现代风格的服饰印象

4. 休闲运动风格　休闲运动风格给人舒适的、运动的、青春的、朝气的时装印象。休闲运动意识是都市人休闲风潮中的一种现代意识，跑步锻炼、网球运动、健身房的体育项目、外出旅游都成为人们放松自己融入自然的愉快地休闲形式，为适应这类生活方式而出现的服装，就是将运动与休闲风格完全相融的休闲装。在今天休闲运动的概念也融进了流行的意识，高科技合成材料、流行色、经后整理的材质等，给运动风格的服装带来了前所未有的时代气息，见前图休闲运动服装。

5. 乡村田园风格　乡村田园风格指朴实的、田园、恬美的、憨厚的、粗犷的等自然观感服饰。崇尚回归自然的时装倾向，生态学（ECOLOGY）也是自然主义时装倾向一个方面；设计趣味性强，材料多用印花、格子面料、牛仔布、田园情趣，具有朴实、自然特性的本白色、浅驼色、粉色、大地自然色等，占有十分重要的位置（图4-33）。

图4-33　乡村田园风格服饰印象

6. 时尚军旅风格　时尚军旅风格给人帅气的、冷峻的、硬朗的、雄浑的、中性化的时装印象。军旅风格源于军人的着装和气质，其中有较强的中性风貌。在这类形象打扮中具有异性的特质，也保留着自身性别的特质（特指女性着装），改观了传统观念中女性温柔、轻灵、妩媚的阴柔之美，将之与军旅元素进行混合，运用新型质地的面料，各种明口袋、明绗线、合体的皮带，合身的军服痕迹，工业化的设计与硬朗的风格相结合形成富有军旅感的时尚装扮（图4-34）。

7. 中性风格　中性风格是无性别化的时装印象。形象具有异性的特质，但也保留着自身性别的特质，阴阳融合、男女适穿的中性风貌，这类格调完全颠覆了传统观念中男性稳健、硬朗、粗犷的阳刚着装之美以及女性高雅、柔美、轻灵的阴柔着装之美，将阴柔和阳刚进行平衡混合，创造出了独特崭新的风格样式（图4-35）。

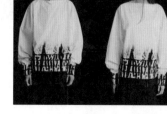

图4-34　时尚军旅风格的服饰印象　　　图4-35　中性风格的服饰印象

8. 前卫摇滚风格　前卫摇滚风格给人街头的、超前的、另类的、新潮的、朋克及标榜个性的时装印象。年轻一代中极富创造力的、新奇且具有与正统的概念，与传统规范相对抗的超时代意识。20世纪60年代的坎纳比市街的街头文化，20世纪70年

代的朋克艺术、幻觉艺术，20世纪80年代的山本耀司乞丐装等，激进的先锋派在设计语言中都具有刺激、开放、奇特而独创的风格特点。色彩以冷艳、灰色、银色、沉静感的冷色组为主，款式有超长披风或超短夹克等，个性图案，紧身衣裤、大胆而性感的开口设计，并以短靴、高筒靴、造型感强的发型等超常规配套，表现独特的形象（图4-36）。

图4-36　前卫摇滚风格的朋克服饰印象

9. 民族风格　民族风格是充满泥土味和民俗味的设计风格，它主要反映民族、民间的民俗文化艺术倾向。如手工制作的天然面料或手工刺绣的民间图案，都是民族民间主题表现中十分重要的特色元素，组成民族风格的外观感觉和服饰印象（图4-37）。

图4-37　民族风格的服饰印象

了解了服装的各种品类的分类方法以及不同服装的性能特点后，可以使我们明确以后有关服装设计的目的与要求。在设计学习中，正确选择面料、辅料，采取合理的方法进行加工制作，按照规定的标准程序检验各类服装，是最终设计制成满意服装的重要保障。

1. 服装分类有什么好处？哪一种方法比较科学？

2. 比较机织与针织服装的特点和不同。

3. 在大型商场按商品用途品类划分的服装区有几类？各有什么特色？

4. 以商品价格划分的服装分为几类？各有什么特点？

5. 按照经营商品区域划分的服装区有哪些？举例说明。

6. 分析一种服装风格的表现形式，并列举出历史和现代相关的设计师与作品。

服装设计源流

第五章

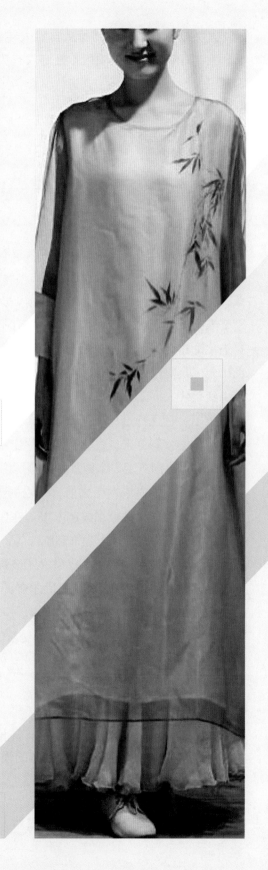

课题名称： 服装设计源流

课题内容： 1. 服装起源理论

2. 服饰设计的历史渊源

3. 中国古代服饰文化

4. 西方现代艺术与服装

5. 20世纪西方有影响力的时装设计师

课题时间： 4课时

教学目的： 通过本章的学习，使学生掌握服装的
起源和服装演变的历史与设计流变。

教学方式： 课堂讲授、课堂提问、资料调研。

教学要求： 明确服装的起源；从设计文化的角度
分析服装的发展历程，掌握人类服装
重要阶段的服装变化与设计。

课前（后）准备： 课前可根据知识点预习，课后
完成思考题与练习。

人类是从什么时候开始从自然人转变为社会人？什么时候开始，人身上有了服装？人为什么而穿衣？衣服以及穿衣行为是怎样形成的？什么时候开始有了服装设计的意识？服饰从穿衣开始到近代又经历了哪些变化？这些是人类文明以来一直在探讨的问题。

 ## 第一节　服装起源理论

早期的历史知识告诉我们，人类穿衣的历史可以追溯至人区别于猿类之初。而设计意识，可以认为当人类打磨出第一个石头器具就开始形成了，以打磨的石针穿针引线，完成第一件首饰项链、缝制草裙、皮毛坎肩，或是将洞穴改造成茅屋，这些意识就是人类设计概念的显现。世界各地有不少学者对这一起源问题进行研究与讨论，根据进化论和地质学、考古学、古人类学者20世纪70年代发现的化石证明，约从90万年前出现"直立猿人"到旧石器时代出现的"智人"（我国的河套人、欧洲的尼安德特人等）到现代人，人类能够直立行走、火的发现使用与服饰的起源有着不可分割的联系。在人类不会直立行走和用火以前，人身上的毛皮和兽类身上的毛皮起着护体作用，而当人类学会手脚分工，直立行走，并能用火烧烤食物、取暖，便加快智力发展和体毛的退化，最终创造了护体御寒的衣物，并开始美化生活。

在纺织技术尚未发明之前，动物的毛皮是人类服装的主要材料。当时还没有绳、线，可能是用动物韧带来缝制衣服。在山顶洞人的遗址及其他古墓里，曾发掘出大量的装饰物，其中有头饰、颈饰和腕饰等，材料有天然石头、兽齿鱼骨和海里的贝壳等。古人佩戴这些饰物，可能不仅是为了装饰，也许还包含着对渔猎胜利的纪念。所以人类应该是进入到能人和智人阶段后才有了衣饰意识。从裸体到现代个性的衣着，时尚的装扮，服饰意识的形成和衣服的演变，是为了保护身体？还是为了装饰美观？是源于羞耻心理？还是为了炫耀？等等，众说纷纭。关于服装起源理论的探讨这里归纳如下。

一、保护身体理论

人类经历了漫长的裸体生活以后，开始用天然或人工材料来遮住身体，为了适应气候的变化和保护身体不受外界物体的损伤，这就有了以下两种说法：

（一）适应气候变化说

服装有御寒功能，在寒冷的冬天人们如果没有衣物保暖，很容易得伤寒、感冒、冻伤甚至冻死；在炎热的夏天，人们如果赤身露体也会被紫外线灼伤。只有一年四季体温保持在一定水平，人体才能有舒适感。大约在5~10万年前，第四冰河时期的到来使地球的气温急剧下降，为了抵御冷空气的袭击，旧石器时代的原始人类在洞穴中生活，使用了火，还用兽皮遮住了身体。这些事实说明人类使用服装是为了适应气候的变化，根据生理要求在不同季节不同选择，这是主张适应气候变化的理论学说。

（二）保护身体说

原始人类为了使身体不受来自外界的伤害，开始使用衣物护体。在进化过程中人类的体毛逐渐消失了，而他们的生活和劳动环境依然那么恶劣，人的皮肤不能够阻挡外界物体的直接伤害。因此，原始人类就用衣物来遮住身体使之不受外伤。

人类文化学研究，人类着装在某种程度上受气候环境因素影响最大，《后汉书·舆服志》上记载："上古穴居而野处，衣毛而冒皮，未有制度。"居住在寒冷地区的人要穿很多的衣服，以此来弥补身体御寒能力之不足；干热地带的居民则用布把身体包裹起来，以防暴晒。据考古学家推断，从400万年前人类诞生起一直到30万年前左右，一直都是赤身状态，人类经历与野兽和大自然的搏斗后渐渐成长，并开始学会用树叶、野兽皮毛制作衣服，兽皮衣服应是迄今为止发现最早的人类穿衣历史。人类在各自的土地上，根据当时的资源、生活需要穿用了衣服，而那些衣服不仅继承了各地的民俗习惯和民族传统，也成为该地区民族文化的象征（图5-1）。

图5-1 服装保护身体

二、装饰身体理论

服装起源于装饰身体的理论学说是基于服装功能的另一层含义。原始人类出于某种心愿或目的，用一些具有代表性的东西或物品来装饰身体，形成了衣服的雏形，使衣服有了更深一层的含义，即服饰的象征和服饰的文化。

（一）象征理论

象征理论认为，服饰是从人类最初佩带具有象征意义的物品时开始的。原始人中经常有一些人佩带某些战利品来显示自己勇敢、强健、有技能的形象，这就应该是最初的装饰品，一般有猛兽的牙齿、毛皮等。还有为充分显示自己与众不同的地位和

图5-2　服装装饰身体

身份，用具有象征意义的物体来装扮自己，从这一角度来说，服装是一个人内心的表白和个性的展示。而人类对服装的这种认识一直延续到现在，现代人也经常通过服饰来表示自己的个性、社会地位和品位爱好（图5-2）。

（二）性别理论

性别理论认为，服饰具有吸引异性的功能。人类想方设法穿着鲜艳而漂亮的服装来打扮自己，是为了吸引他人或异性的注目。在原始社会里裸体是自然而清白的，但是当某一个人，无论是男是女，把一束青青的树叶、一串贝壳或一块有颜色的布系挂在身上时就会引起其他人的注意，"而这微不足道的遮掩是最富威力的性刺激物"。如果说"人的性冲动是一种本能，服饰是它的延伸，因而服饰的起因也是一种本能，这才是最根本的。"❶ 在埃塞俄比亚遥远而神秘的原始部落中，有个唇盘族女子在下唇戴着一个盘子，表示女性特有的标识（图5-3）。

性别理论另一种说法：服装起源于一种羞涩和羞耻心理的表现。《圣经》中记载，亚当和夏娃用无花果树叶遮住身体。人类意识到在人面前裸露是不妥当的行为，所以用衣物来遮住不宜露出的部位，特别是现代社

图5-3　性别装饰

❶ 华梅 . 人类服饰文化学 [M]. 天津 : 天津人民出版社 , 1995.

会的人如果没有了衣服很难想象如何正常交往。心理学认为，人类的羞耻心理是在一定的文化和社会背景下造成的，风俗和文化习惯的不同也导致对自身感到害羞部位的不同。

（三）审美理论

审美理论是服饰起源中最容易被人理解和采纳的理论，"爱美之心，人皆有之"是一种人类审美情感的表现。历史资料发现，几乎所有的原始民族都对装饰显示出特殊的兴趣，他们似乎天生具有一种美感。民族学家们从那些现存的原始部落带回的照片，他们赤身裸体而又在头顶、耳垂、颈项、腰际、手腕和脚踝上挂满饰物，往往令文明时期的人们感到难以理解。穿着草裙、毛皮生活的时代，植物装身、兽皮裹身、佩戴钻孔的贝壳与石块（图5-4），可以说是人类具有装饰概念和美的意识与行为的开始。审美理论认为，当人类有了要用美丽的物品来打扮自己的冲动时就有了服饰。人类在进化过程中，嗅觉逐渐减弱，视觉却日益发达，对形象、色彩、光泽、美的感受能力越来越敏锐，用美丽的羽毛或者闪闪发光的贝壳来装扮自己，在身体上涂彩色图案、文身甚至割痕都表现出原始人类的一种追求美的手段。

图5-4　审美装饰

三、模仿与经验说

（一）模仿说

服装起源于模仿与经验的理论学说是基于人具备特有的模仿能力。基于这种观念认为，人类是从自然现象中得到一些启示而制作服装的。譬如，多雨的季节在原始而茂密的森林成片遮挡的树荫下可以避免被雨淋。我国山民、农民制作的蓑衣是以耐用防扯的棕片编织而成（图5-5）。另一种可以联想到的现象是在热季里，原始人在身上垂挂树叶藤条和兽皮做的条带装饰是有感于动物尾巴驱赶蚊虫的效用缘故，而最后发展成挡风雨的草裙蓑衣。

图5-5　蓑衣草裙

（二）经验说

劳动生活的经历让人积累了经验，人类最初的劳动是采集和狩猎，采集时是以野生植物藤条为获取对象，采集经验或藤条树枝被雨水浸泡而具有韧性的自然现象，使他们发现一些树枝藤条可以扭、结、搓，这是原始人对纤维最初的认识，对纺织的贡献。对纤维少捻或多捻的力度不同的认识，还影响了纺纱加捻的意识形成。我国最早用于纺纱的工具是纺锤（纺轮和锤杆）。将松散的纤维拧成线条并拉细加捻成纱的过程是纺纱，纺锤的出现成为早期的纺织工具，当人手用力使纺盘转动时，缚自身的重力使一堆乱麻似的纤维牵伸拉细，缚盘旋转时产生的力使拉细的纤维捻成麻花状。在纺缚不断旋转中，纤维牵伸和加捻的力也就不断沿着与缚盘垂直的方向（即缚杆的方向）向上传递，纤维不断被牵伸加捻，出现了纺车，将加捻过的纱缠绕在缚杆上即"纺纱"，完成了从手工捻线到机器纺纱的演变（图5-6）。另外，从最早的陶文化可以看到原始纹样都是与生活劳动相关的狩猎场面、动物纹样，也是生活的记录。因此，劳动

图5-6　手工捻线和机器捻线纺纱

经验使人在制作上不断地改进，就有了更丰富的图形纹样，这也就对后来织造衣服面料的图案、服饰品制作产生了深远的影响。

四、复合因素理论

服装起源于复合因素理论学说是基于如上所述，服饰的起源有各种不同的学说，但复合因素理论认为服饰起源并非形成于单纯的某一种原因，而是上述各种原因一起综合形成了服装起源的动机。复合因素说是较全面的一种考虑，其中美的意识的表达与追求可以说是人类从古至今不可舍弃的理想，无论是保护身体说、象征说还是羞耻说，服饰的起源成因其主旨就是为了生存与繁衍，这是人的本能，这种本能延伸的结果就出现了服装和配饰。其中蕴涵着人类对美的不可磨灭的潜意识反映，正是因为这种对美的向往，才不断促进服装及服装文化的发展。

第二节 服饰设计的历史渊源

一、原始服饰的设计意识

（一）原始身体装饰

人类从裸体到穿衣、开始用某种东西来装饰和遮住身体的一些部位时，服饰意识开始萌芽。研究原始人身体装饰，探讨原始人类最初穿衣、审美意识的发生与起源，对理解人类的过去和现在的穿衣生活行为以及设计认识是非常有帮助的。

德国学者格罗塞（Ernst Grosse）在《艺术的起源》中说："形象艺术是最原始的形式，它不是指独立的雕刻，而是装饰；而装饰的最初应用就在人体上。所以我们要先研究原始的人体装饰。"原始体饰有两种形式：一种是活动装饰；另一种是固定装饰。

1. 活动装饰　所谓活动装饰是暂时连系到身体上的一些饰品，包括原始民间认为最珍贵的各种质地和形状的缨、索、带、环、珠、牌之类。迄今发现最早的人类美化自身的例子，在辽宁海城小孤山遗址出土的距今约45000年的穿孔兽牙、穿孔蚌饰、骨针和大约25000年前山顶洞人身体上佩带这些装饰品为证。早期的原始体饰形式主要有：项饰、腰饰、臂饰、腕饰、头饰等几种，大致分为石、骨、牙、贝、蛋壳五类，这些装饰品小巧而精致，穿有小孔或涂有色颜料，这时期的体饰多是利用战利品装饰在项部、腰部、臂部、腕部、头部等，称为"活动装饰"。

2. 画身　　画身是在新石器时代以后出现的，如用彩色泥土涂抹身体，或从野果植物中榨取色汁涂身。格罗塞认为：画身这种活动是人体装饰艺术中最简朴的形式，是"最显著地代表着装饰的原始形式的"，并且画身"显然和某几种固定装饰有因果关系"。因为原始人类最初纹饰自我的画身形式，因其不能牢固持久，那些涂抹的纹饰很快会被雨水或汗水冲刷掉，于是他们开始在身体或面部刀刺纹饰，这就使固定装饰的产生成为可能，并且这种可能自然而然地与活动装饰的"画身"产生了必然的"因果关系"。画身是固定或永久性文身的基础，画身是原始民族中非常普遍的体饰现象。

3. 固定装饰　　固定装饰即文身，文身俗称刺青，古文言文中叫涅，是直接用针刺或刀刻在人体全身或局部皮肤上的画面图形，成为永恒留住的记忆印记。这种风习主要有文身、文面、改变头形、改变颈长、凿齿、穿唇、割痕、穿耳等形式。在原始社会里，它主要作为部落氏族的标志；进入阶级社会后，则用以表示等级身份或作秘密社会成员的标记。我国古文献早有关于文身的记载，如《礼记·王制》："东方曰夷，被发文身，有不火食者矣。"《淮南子·原道训》："九嶷之南，陆事寡而水事众，于是民人被发文身，以象鳞虫。"（注曰："文身，刻画其体，内墨其中，为蛟龙之状。以入水，蛟龙不害也，故曰以象鳞虫也。"）《汉书·地理志》云："文身断发，以避蛟龙之害。"人类最初用黏土、油脂或植物汁液来涂抹身体，认为对身体有益。"冬以豕膏涂身以御风寒"，以防虫叮，后逐渐觉得这样涂抹身体是美的，于是就为了审美的快感而涂抹。在狩猎中负伤留下的疤痕被妇女认为是勇武壮美的男子的标志，这就使残体装饰也盛行起来。当然更多的原始人在自己的皮肤上画一些被认为是他们部落祖先的动物（图腾），一旦它作为该氏族正式成员的标志确立起来，文身也就成了一种制度。在社会生产力十分落后的原始年代里，认识水平低下和缺乏天文、地理、医学等方面的知识，使原始人面对自然灾害、疾病折磨时束手无策，认为是某种神秘而不可知的力量在作怪，于是为了避免自然灾害的降临和疾病的侵袭而装饰了身体，实际上是一种护符理论，即在身体上刺绣各种花纹，以示吉祥、崇拜。文身是文化和信仰相互交合的产物，也是独特个人信仰与个性淋漓尽致的体现。护身符的出现是原始人宗教信仰、迷信观念的一种表现，后来随身携带护身符逐渐变成了护身装饰自身的一种标志。直到今天，这一习俗在现代原始部落的人体装饰中仍然盛行，如巴西巴凯里部落的印第安人，在他们儿女的身上画黑点黑圈，使他们看起来很像豹皮，因为他们认为豹子是自己部落的始祖。这种图腾理论也是象征理论的一种。

原始人类对装饰身体形式感的不断体验，逐渐萌发了最早的审美意识和初级的形式美感。随着生活定居形式和劳动制造工具的发展，各种形制的装饰品被有意识地制作完成，石质器的打磨、钻孔、纺织、缝合等技术运用，产生了更多的珠、坠、贝等有孔可挂系的小件饰物，串联起来并与缝制有形的衣服一起装饰在身上。

（二）工具的发明与设计

1. 针的出现 衣服并非在人类初始就具有某种完整的造型，而是逐步变化发展成型的。从有饰无服的远古时代，到身体装饰的草裙兽皮时代，再到进入纺、织、缝服装时代，是一个曲折而漫长的演变过程。《庄子·盗跖》中记载："古者民不知衣服，夏多积薪，冬则炀之，故命之曰知生之民。"受生产力极端低下的制约，人类顺乎自然而生存，为谋生存求发展，在与自然艰苦斗争中，逐渐发现、发明了一些工具，如考古学家在山顶洞人遗址中发现的骨针和钻孔的石、骨、贝、牙装饰品。这枚骨针长82毫米，直径3毫米，比火柴棒略粗，针身略弯，表面光滑，推测是缝制兽皮衣服的工具，缝线是用动物韧带劈开的丝筋，这就有了在设计意识下制作粗简的原始衣饰。

2. 原始衣料 文献《礼记·礼运》述："昔者，未有麻丝，衣其（鸟兽）羽皮。后圣有作……治其麻丝，以为布帛。"《墨子·辞过》云："古之民未知为衣服时，衣皮带茭（干刍草索），冬则不轻而温，夏则不轻而清……治丝麻，捆布绢，以为民衣。"《韩非子·五蠹》记："古者，丈夫不耕，草木之实足食也；妇人不织，禽兽之皮足衣也。"《易·系辞》中有伏羲氏"作结绳而为网罟，以佃以渔"的记载，原始社会的织造工艺是从编制渔猎网罟、筐箩开始，制作丝麻布帛后才有了衣服。《淮南子·氾论训》记："伯余之初作衣也，緂麻索缕，手经指挂，其成犹网罗。后世为之机杼胜复，以便其用，而民得以掩形御寒。"上述引文证明，原始衣料有两类，一类获自动物飞禽，有兽皮、羽毛等；另一类取之植物，有草叶、树皮或葛麻之类的植物加工品。

原始首饰的范围包括发饰、耳饰、颈饰、臂饰、手饰等。原始人在旧石器时代中期就用兽牙、贝壳、骨管、鸵鸟蛋壳、石珠等创造了串饰；在新旧石器交替时期，进一步选用石英、碧玉、玛瑙、黑曜石等半透明有颜色的材料创造各种装饰品，精致度逐渐提高，这就是人类服饰品设计的开始。这些装饰品除实用外，还渗透着原始宗教图腾相关的含义，显示了人类精神领域审美能力的发展（图5-7）。从出土的原始玉冠、玉镯、颈饰等文物中，以海贝、螺类、骨、牙、石、玉等制作串饰已十分普遍，可以窥见最初设计发展的过程。

3. 原始服饰 《白虎通义》亦云："太古之时，衣皮韦，能覆前而不能覆后。"追溯设计，其根源应基于原始劳动技艺。最初不过是衣皮带茭及简单地披挂栓结，利用野生植物纤维搓制绳索编织衣料，或加工鞣制皮革等，略事割裁缝缀制成衣服，季节气候不同其衣亦异。《嫘祖圣地》碑文："嫘祖首创种桑养蚕之法，抽丝编绢之术，谏净黄帝，旨定农桑，法制衣裳，兴嫁娶，尚礼仪，架宫室，奠国基，统一中原。"当"皇帝始去皮服布"，嫘祖"始教民养蚕，治丝茧以供衣服"养蚕取丝和纺织织造，给衣服的发展奠定了重要的物质基础，丝织品的发现更促进了衣服文化的进步，这是人类向制造衣服或衣服设计迈出的第一步。

图5-7　原始图腾

当人类开始根据功能需要和审美要求来制造适体的衣服和配饰时，便开辟了后世上衣下裳的先河，就有了远古社会最初的服饰。原始人创造出以缝制加工为特征的服饰文化，不只是简单地利用自然材料，而是设计成合乎人类生活需要的有意识行为。

二、中国古代服饰与设计

服装文化历史源远流长，有史以来服装的变迁主要靠两种动力推进，一是更朝换代，二是时尚交流。中国服装基本是由宫廷和民间两条发展脉络组成。

（一）夏商周服饰

夏商周时期是原始社会宗教图腾意识过渡到以政治伦理为基础的王权意识的重要时期。以农业为主的社会劳动形式，使手工业从农业分离出来，有了"百工"的划分；物质交换和剩余商品的出现形成了私有制和阶级分化，随之进入奴隶社会，并出现了中国历史上第一个朝代——夏王朝，后相继有商朝和周朝。依文史资料得知，以"天子"冕服为中心的章服制度在夏商时期初见端倪，西周更强调借"冠服制度"来突显"礼治"的观念，透过服饰的穿着表现出"礼"的内容。《周礼·春官》有"司服，掌王之吉凶衣服，辨其名物，与其用事。"就是国王在举行各种祭祀时，要根据典礼的轻重，分别穿不同形制的冕服，六类冕服分别是：大裘冕、衮冕、鷩冕、毳冕、希冕、玄冕。公卿百官、后妃服饰要依据身份地位各有分别，譬如：宫室中拜敬天地时有礼服，上朝大典时有朝会服，军事之中有从戎服，婚嫁之仪专用婚礼服，吊丧时又有丧服等。章服制不仅要求不同的场合着不同的服装，还重材料的分配，如什么人穿裘皮，什么人穿丝，什么人穿棉麻，与社会地位职位高低相关，名贵的材料代表着着装者身份高贵，章服制度至周代渐趋完善。

1. 款式　上衣下裳的服装形制在商代已经形成，是中国最早的服装形制之一。上衣下裳即为上穿衣下穿裳，裳即是裙。裤子制的服装在后来被称为"短打"。因其便于劳作，多为劳动人民所穿。"衣"其样式为前开式的服装，衣襟右掩为右衽，衣襟左掩为左衽，衣缝有袖筒，裳较窄，衣长齐膝，这个时期的服装还没有纽扣，只在腰间系带。"裳"在最初只是将布裁成两片围在身上，到了汉代，才开始把前后两片连起来成为筒状，即"裙"。至西周，常服仍以上衣下裳为主流。常见的有"襦"，长襦又称"褂"，短襦称"腰襦"；单襦无里，夹襦即有面有里的襦，袖口逐渐变宽变大，形成大袖款式。下裳有裤，称为"绔"或"胫衣"。《说文解字》："绔，胫衣也。"早期的裤没有裆，只有两个裤筒，套在腿上，上端有绳带结系腰间，裤筒左右各一，不相联属，所以称为"胫衣"（图5-8）。

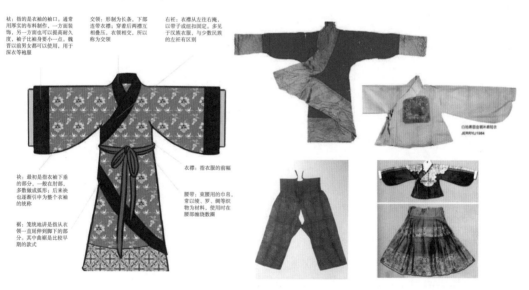

祛：指的是衣袖的袖口。通常用厚实的布料制作，一方面做装饰，另一方面也可以提高耐久度，袖子比袖身要小一点。魏晋以前男女都可以使用，用于深衣等袍服

交领：形制为长条，下部连带衣襟；穿着后两襟互相叠压，衣领相交，所以称为交领

右衽：衣襟从左往右掩，以带子或纽扣固定。多见于汉族衣服，与少数民族的左衽有区别

衽：最初是指衣袖下垂的部分，一般在肘部，多数做成弧形；后来衽也逐渐引申为整个衣袖的统称

裾：笼统地讲是指从衣领一直延伸到脚下的部分。其中曲裾是比较早期的款式

衣襟：指衣服的前幅

腰带：束腰用的中帛，常以绫、罗、绸等织物为材料，使用时在腰部缠绕数圈

图5-8　上衣下裳、腰襦、胫衣

2. 织物纹样　织物多为平纹或简单显花织物，在衣服面料或器皿的装饰花纹中，主要有单独纹样、边饰纹样、散点纹样和连续纹样等。在服装上最重要的纹样是国王衮服上面的十二章，如前第二章所讲，十二章纹即日、月、星、山、龙、华虫、宗彝、藻、火、粉米、黼、黻。其纹样的意义：日、月、星象征光照大地，山兴云雨，龙能灵变，华虫象征多彩，宗彝表示不忘祖先，藻表示洁净，火象征兴旺，粉米能够养人，黼象征权力，黻表示君臣离合及背恶向善等。十二章纹几乎浓缩了华夏民族所有的道德观念，它是最高权力的象征，这种服装的出现标志了中国服饰从原始宗教观念为主导转变到"垂衣裳而天下治"以政治伦理观念为主导。帝王十二章纹到隋唐成为定式，

一直到清代，是中国儒家学派服饰理论体系的核心。

（二）春秋战国

中国服饰变革经历的第一个浪潮就是春秋战国。战国时，楚地青铜器、漆器、玉器手工业艺术繁荣，楚人雕刻工艺形式精湛，极有特色，代表性作品（图5-9）。这些精美的图形与技术对纺织纹样有一定的影响。

图5-9　战国时青铜器和漆器

随着服装工艺技术的进步，齐国生产的"冰纨、绮绣、纯丽"等高档精细丝织品，不仅做到了国内"人民多文采布帛"，能够充分自给，而且大量输出。人们普遍采用丝织品代替从前的麻布服装。当时丝织品生产已遍及古九州中的兖、青、徐、扬、荆、豫等州。兖州是指今山东兖州、济南、青州之西北境及旧东昌府；青州是指今山东胶东、济南境，兼有辽河以东之地，产野蚕丝或柞蚕丝；徐州指今江苏旧徐州府及邳县、山东旧兖州府，产玄纤（黑色薄绸）、缟（极薄的绸类）；扬州是指今江苏、浙江等境内，产织贝锦类织物等；荆州是指湖南、湖北、重庆、贵州等，产玄（青黑色）、纁（红黑色）等。

1. 款式　春秋战国最有代表性的服饰是深衣，但深衣早在西周时期就有了，流行于春秋战国时期。深衣款式以衣裾区分，有曲裾交领右衽和直裾交领右衽两种款式，曲裾呈三角形，穿时由前襟绕至身后用腰带系扎，"衣作绣，锦为沿"，衣料轻薄，以平挺的锦类织物镶边，边上再装饰云纹图案；在领、袖、襟、裾均有一道缘边用一宽一窄两种颜色的纹锦镶沿，为当时最佳的审美样式。衣裳的构思与制作方法都体现了前人设计的智慧（图5-10、图5-11）。

2. 色彩　春秋时对服装色彩观念有很大改变。如果说原始人类感知色彩是人类认识世界的起点，那么这时使用色彩的意义则是人类文明的诞生。色彩以其视觉的张力和充盈着历史积淀的文化内涵，成为我们感受服饰的第一要素。按周代"礼治"观念，需根据级位高低和政事活动的内容，选配相称的服装色彩，象征高贵的颜色有青、赤、黄、白、黑，为正色，正色是礼服的色彩；象征卑贱的颜色有绀（红青色）、红（赤之浅者）、缥（淡青色）、紫、骝、黄，为间色，间色作为便服、内衣、衣服衬里及妇女和平民的服色。但是，春秋第一位霸主齐桓公喜欢穿紫袍，而紫色不在正色之列。《韩非子·外储说左上》："齐桓公好衣紫，国人皆好服之，致五素不得一紫。"《史记·苏

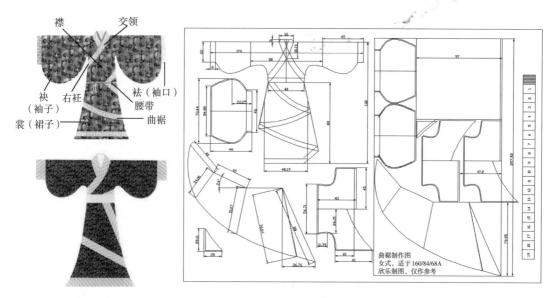

图5-10　曲裾深衣图

代遗燕王书》："齐紫，败素也，而价十倍。"齐桓公这样一位名声显赫的诸侯竟然穿间色紫袍，这在当时是对传统色彩观念的逆反行为，对社会影响是非常重大。由于紫色具有稳重、华贵的自然属性，在色彩心理学上紫色就被视为权威的象征，后来紫色一直上升为富贵的色彩，唐代贞观四年规定：黄、紫、朱、绿、青、黑、白作为法定的等级序列服饰颜色，将官秩最高的一、二、三品的服色定为"紫色"，就是明证。可见，齐桓公这种服紫的喜好对后世服饰色彩等级制度的变革有着极大影响，如图5-12所示。

3. 胡服　这一时期最有影响的服饰改革是"胡服骑射"。所谓胡服，胡人之服的主要特征是短衣、长裤、革靴或裹腿，衣袖偏窄，便于活动。战国时期，当时中原地区人宽衣博带式的汉族长袍，骑马很不方便，在交战中常常处于不利地位。赵国国君赵武灵王就想学习胡人的骑马射箭术，学习骑射必先改服装，宽袖长袍要换成胡服，才能适应骑战的需要。赵武灵王打破服饰的旧样式，推行胡服，训练骑兵，改变军事

图5-11　直裾深衣

图5-12　齐桓公好服紫插图

117

装备，使赵国的国力逐渐强大，后来不但打败了中山国，而且向北方开辟了上千里的疆域，成为当时的"七雄"之一。胡服的款式及穿着方式对汉族兵服产生了巨大的影响，改穿胡服是出于骑射的客观要求，但事实上，胡服不仅只适应于作战的需要，对比原来的中原衣冠胡服更便于人们的生产劳动与其他社会活动。后传入民间成为一种普遍的装束，其优越性日益被中原人接受，一般百姓，甚至妇女、儿童也穿上胡服。赵武灵王胡服骑射导致了中原华夏族与北方游牧族的文化融合，对中华民族服饰文化的发展起了积极的推动作用。胡服骑射不单是一次军事改革，也是一个国家移风易俗的改革，是一次对传统观念的更新，在历史上产生了深远而积极的影响，胡服骑射已成为改革的同义词（图5-13、图5-14）。

图5-13　胡服骑射　　　　　　　　　　图5-14　民间服装

4．织物纹样　春秋战国，由于提花装置和技术不断地完善，丝织品种类逐渐增多，不仅有素织的绢、纱、缟、纨等，还有带花纹的绮和锦，最具特色是质地轻薄的绣罗深衣。从湖北江陵马砖一号墓出土实物中，几乎包括了先秦丝织品的全部品种，保存完好，被称为"丝绸宝库"。

战国时期服饰纹样的题材，具有其象征含义，最为流行的是龙凤纹样，既寓意宫廷昌隆，又象征婚姻美满；鹤与鹿象征长寿，翟鸟是后妃身份的标志。刺绣题材以动物、植物为主，动物中又以龙、凤为主。湖北江陵出土的刺绣品花纹有10多种：蟠龙飞凤纹绣、舞凤舞龙纹绣、花卉蟠龙纹绣、凤鸟纹绣、凤鸟践蛇纹绣、舞凤逐龙纹绣、花卉飞凤纹绣、凤龙虎纹绣、三首凤鸟纹绣、花冠舞凤纹绣、衔花凤鸟纹绣等，花草、枝蔓与动物纹样有机组成，或作为纹样的间隔填充，表现了自然界的生机与和谐（图5-15）。凤鸟的形象屡屡出现，但绝不重复，有正面也有侧面；或飞翔奔跑，或追逐嬉戏，或昂首凤鸣，或顾盼生情，尽现凤鸟百态；或践蛇而舞，或与龙相蟠，或与虎相斗，显示出凤鸟的神异力量（图5-16）。纹饰的技巧除了刺绣外，还有编织。编织纹饰是以丝织工艺中的提花技术为基础，纹饰的题材和造型则以几何纹为主，有菱形纹、塔形纹、方棋纹、复合菱形纹及在这类几何纹内填充人物、车马、动物等的变体纹样。几何纹饰线条规整匀称，色彩层次清楚，有对称、均匀、平衡的形式美感（图5-17）。几何纹饰中，以直线为主弧线为辅的轮廓线，表现出与青铜器纹饰一致的整体划一，象征着奴隶主阶级政权的威严和神秘，这是奴隶社会特定的历史条件下形成的时代风格。而刺绣中以曲线为主形式，表现出与漆器纹饰一致的丰富优美和多样的形式，把动植物变体与几何骨骼结合，反映了春秋战国时期服饰纹样设计思想的高度活跃和成熟。

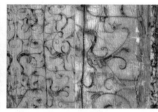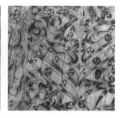

图5-15　龙凤虎纹绣局部、对凤对龙纹绣局部、蟠龙飞凤纹绣局部

图5-16　龙凤虎纹绣线稿、三头凤线稿、青铜鸟樽

图5-17　编织纹几何提花

（三）秦汉服饰

秦汉是中国确立完整服饰制度的朝代，也是服饰文化综合发展的时代。秦统一中

国为发展汉民族的经济文化创造了条件，出现了西汉"文景之治"太平盛世。民间手工业发展最普遍的就是纺织业，丝绸和织锦绣品产量多，创造了前所未有的物质财富。

1. 款式 直裾袍在西汉时出现，东汉时盛行，直裾逐渐普及，替代了深衣。汉代曲裾深衣不仅男子可穿，同时也是女服中最为常见的一种服式。这种服装通身紧窄，长可曳地，领、袖、襟、裾都用花边装饰，没有纽扣，以带束腰，下摆呈喇叭状，行不露足。衣袖有宽窄两式，袖口大多镶边。衣领部分还是交领，特色在于领口很低，以便露出里衣，每层领子必露于外，多达三层以上，时称"三重衣"。如西安徐州等地出土陶俑和江苏徐州铜山汉墓出土陶俑服饰复原绘制的曲裾深衣（图5-18）。东汉以后，男子直裾逐渐替代了曲裾深衣。妇女裙子式样较多，但最流行的样式是"留仙裙"，与汉代长乐明光锦襦裙相似，纹样紧密富丽的锦绣襦裙是当时妇女服装中最主要的形式之一（图5-19、图5-20）。

图5-18　三重衣　　　　　图5-19　留仙裙　　图5-20　襦裙、长乐明光锦

2. 色彩 秦始皇在位时，规定官至三品以上者，绿袍、深衣。袍作为礼服。一般庶人穿白袍或只能穿本色麻布。直到西汉末年才允许百姓服青绿之衣。汉代文吏穿曲裾、直裾深衣时，头上必须裹巾帻，再加戴进贤冠。

3. 织物纹样 秦汉丝绸织锦刺绣工艺已形成了完备的加工生产技术体系。东汉王充在《论衡·程材篇》中描述："齐郡世刺绣，恒女无不能；襄邑俗织锦，钝妇无不巧。日见之，日为之，手狎也。"就像巴黎环境造就了巴黎人讲究着装一样，刺绣、印染、织锦技术已是民间妇女普遍掌握的手工技术。刺绣法以辫子股锁绣为主，绣纹主要有山云鸟兽、云纹、藤蔓、植物花样，各种复杂的几何菱纹以及织有文字的通幅花纹等，纹样的特点以曲线居多。西汉建元三年（公元前138年）张骞奉命出使西域，开辟了中国与西方各国丝绸运输的陆路通道，成千上万匹美丽的丝绸源源外运，历经魏晋隋唐迄今未曾中断，形成了闻名世界的"丝绸之路"。

（四）魏晋南北朝服饰

1. 款式　魏晋服装日趋宽博成为风俗，上自王公名士，下及黎庶百姓，都以宽衫大袖褒衣博带为尚。魏晋南北朝妇女服饰，款式上俭下丰，上衣紧身合体，袖口肥大，褙襕裙长曳地，下摆宽松，腰间用一块帛带系扎，充满飘逸意境和"褒衣阔裙"的魏晋风范。东晋末至齐、梁间，衣着样式有襦裙套装，延续了汉代的上衣短小、下裙宽大的特色，足穿笏头履、高齿履。东晋画家顾恺之《洛神赋图》长幅卷轴画中所绘的形象即表现了东晋时期流行的大袖翩翩的装束风尚（图5-21）。

图5-21　魏晋服饰风范

2. 织物纹样　南北朝着装衣料中，绫锦面料上的卷草花纹是在汉代的云纹图案的基础上发展起来的，麻布和丝绸在当时也是盛行的产品。可以从敦煌图案纹样，如藻井图案、飞天云纹等动态形象中了解到图案的组织与构成相当繁复华美。敦煌图案虽然是装饰在建筑（石窟本体与木构窟檐）、塑像、壁画上，但具有自身的独立形态，图案与壁画、塑像、建筑是相互依存的关系，可以说没有图案装饰，壁画就不完整，塑像就不算完成。纹样是敦煌石窟艺术的一个重要组成部分，与石窟艺术一样，它也是一个朝代的产物，记录着不同时代图案的特点与风貌（图5-22、图5-23）。

3. 配饰　妇女的着装多以簪花、珠翠及各种花冠为点缀，到宋代发展为凤冠定制。

图5-22　绫锦卷草纹样

图5-23　敦煌壁画纹样

（五）隋唐服饰

隋初服饰较朴素，以袍衫和胡服为主。自隋末炀帝起，对外来文化兼容并蓄，使唐代服饰丰富多彩、富丽堂皇且风格奇异多姿。社会经济文化一派繁荣，服饰日趋华丽，这种华丽风格一直延续至经济文化发展鼎盛的唐代。

1. 款式　初唐时期，妇女日常服饰多为襦、半臂、披帛、衫袄、长裙（裙腰束至腋下）等，半臂襦裙是妇女的主要服式。形制特点为：短襦小袖，下着紧身长裙，裙腰高系，给人一种俏丽修长的感觉。半臂，又"半袖"，是从短襦中变化设计的服式，短袖对襟，胸前结带，衣长与腰齐的样式。唐代最具代表性的时装特点为：对襟、高腰、披帛、宽大袖衫、及地长裙。服饰以轻薄的纱罗、透明的丝帛、裸臂袒胸的装束为主，线条轻柔优美，半臂、披帛、襦裙、衣物均为飘柔灵动样式，袖宽达四尺以上，配彩色带饰、玉佩，发上还簪有金翠花钿等多种装饰品，时称"钗钿礼衣"。"眉黛夺得萱草色，红裙妒杀石榴花""慢束罗裙半露胸"描述了当时时髦、开放、奢华的装扮。敦煌莫高窟晚唐供养人服饰图记载："梳宝髻，广插簪钗梳蓖，穿直领大袖衫，高胸裙，束绅带，披帛，笏头履"（图5-24）。画家张萱《捣练图》❶是一幅描绘唐代宫廷女性捣练劳作场景的手卷式工笔画，描绘了一群妇女正在捣练、络线、熨烫及缝衣时

图5-24　钗钿礼衣（婚服）

❶《捣练图》绢本水墨设色,勾金,纵37厘米,横147厘米。传为天水画院摹中唐张萱作品。1860年"火烧圆明园"后被掠夺并流失海外,现藏美国波士顿博物馆。

的情景。局部图中四位捣练仕女姿态、妆容、服饰各异，动态妙趣横生，妇女穿短襦，肩上搭有披帛，衣袖窄小、襦腰上系是典型的盛唐服饰样式（图5-25）。唐朝女子着装是中国古代最大胆的，是中国服饰艺术发展的重要代表。

胡服男装也是当时最具代表性的服装款式，形制为锦绣浑脱帽，翻领窄袖袍，条纹小口裤和透空软锦鞋，男式胡服被唐朝妇女当作流行的时髦装束之一。女装男性化的这种社会装扮风尚更是中原与西域经济文化交往，胡舞的兴盛和唐代社会开放的表现之一，如图5-26所示。

图5-25 《捣练图》局部与手工艺"绢人"❶

图5-26 胡服男装

❶ "绢人"手工艺版。"绢人"是中国传统手工艺品之一，起源于唐代。制作绢人要选用上等的丝、绸、纱、绢为原料，经过雕塑、彩绘、服装头饰和道具等十几道工艺手工操作完成绢人形象。2017年5月绢人入选了国家非物质文化遗产目录。

2. 织物纹样　丝绸和纺织业在唐朝空前繁荣，为服装繁荣提供了很好的物质条件。初唐主纹多为鸟兽，动物纹样较多；中唐花鸟和花卉成为主流，兽纹少见，植物纹样更加丰富。这一时期的图案花式主要有：宝相花纹、联珠团窠纹、联珠狩猎纹、卷草凤舞纹、团花纹、卷草纹、瑞锦纹、鸟衔花草纹等（图5-27~图5-29）。宝相花的特点是端庄、对称，图案具有宗教的寓意。团花的寓意是世俗的，有和谐、团圆、圆满和大福大贵之意。卷草纹集合了多种花草植物如牡丹、莲花的特征，是经夸张变形而创造出来的一种意象性装饰样式。因盛行于唐代也名唐草纹。唐草纹多见于建筑、染织、家具、陶瓷等装饰中。绫锦纹样还有盘龙、对凤、拱麟、孔雀、仙鹤、芝草以及吉祥文字等，其图案造型丰腴，构图饱满，色彩富丽，有朱红、鲜蓝、橘黄等。纺织物出现了缂丝、缎、绒和妆花等新品种，唐代纹样造型丰腴、主纹突出，常用对称构图，饱满的造型，艳丽的色彩都是对唐朝盛世最好的写照（图5-30）。

图5-27　宝相花　　　　图5-28　联珠狩猎纹、卷草凤舞纹　　　　图5-29　卷草纹
纹图

图5-30　服饰上的团花纹

3. 配饰　妇女头上流行插梳之风，从魏晋始至唐代更盛，这种梳篦常用金、银、玉、犀等高贵材料制作。隋唐妇女盛行高髻，不仅以假发补充，而且做成脱戴方便的假髻造型，称为"义髻"。"云鬓花颜金步摇"描述出唐代女性富贵、华美的人物形象。步摇是在发簪发钗上装缀花枝，并垂珠玉饰物的首饰。步摇始于两汉时期，其形制多为凤凰蝴蝶类，或缀有流苏，随着佩戴者走路而摇曳生姿，故名步摇。步摇始见于汉代宫廷后妃的礼制首饰，以后步摇逐渐流行于民间，成为妇女喜爱的首饰之一。另外，钿也是

头部的装饰，以金、银制成花形，蔽于发上，是唐代比较流行的一种发饰。钿花是用贵重物品做成花朵状的装饰品，如金钿、螺钿、宝钿、翠钿、玉钿等（图5-31）。

图5-31　簪、步摇和钿花

（六）宋元时代服饰

宋朝出现了程朱理学，是一个在经济和文化上高度发达的王朝。宋结束五代十国的分裂，在宋太祖时依照"三礼图"重新制定服制，承袭唐代恢复传统旧制。

1. 款式　服饰分官服与民服两大类。官服分朝服和公服。朝服用于朝会及祭祀等重要场合，皆朱衣朱裳，佩戴并衬以不同颜色和质地的衣饰，还有相应的冠冕。公服是官员的常服，式样为圆领大袖，腰间束以革带，头上戴幞头，脚上穿革履或丝麻织造的鞋子。男性服饰上自帝王，下至百官，以圆领袍为主，以袍衫颜色区分等级，其制有紫、绯、朱、绿、青、白等。凡穿紫色、绯色公服为六品以上官员，腰上还佩一金银为饰的鱼袋。在各种场合都戴类似帽子的幞头，是百官必备的头饰（图5-32）。

宋代女服有袄、襦、衫、褙子、半臂、下裙、裤等样式，以裙装穿着为主，也有长裤。裤子在宋朝开始流行，上配抹胸和一层或多层长褙子。宋代妇女的穿着与汉代妇女相似，都是瘦长、窄袖、交领，下穿各式的长裙，颜色淡雅。裙的样式保留前代遗制，有石榴、双蝶、绣罗等名目。襦和袄是相似短小的上衣与裙子相配套，质地有锦罗加刺绣，颜色常以红、紫为主，黄次之。宋代的襦裙样式和唐代的襦裙大体相同，身上的装饰不复杂，除披帛以外，只在腰间部位佩的飘带和外搭上有差异（图5-33）。

图5-32　宋代男服　　　　　　图5-33　宋代女服

褙子是一种由半臂或中单演变而成的上衣，多为直领对襟，长袖长衣身。男女均穿，多罩在其他衣服外面穿着。男装褙子宽松，女装褙子窄小。褙子腋下的双带本来可以把前后两片衣襟系住，据传，宋代褙子不用它系结，而是垂挂着作装饰用，意义是模仿古代中单（内衣）交带的形式，表示"好古存旧"。妇女多穿直领对襟式，有身份的主妇穿大袖宽袖褙子，在衣襟上有花边装饰，领子一直通到下摆。窄袖褙子，在袖口及领口也装饰花边，领子花边仅到胸部，被称为"领抹"。褙子初期短小，后来加长，发展为袖大于衫、长与裙齐的标准格式（图5-34）。

宋代的服饰制度在程朱理学"存天理，灭人欲"意识形态的影响下，崇尚简朴，"惟务洁净，不可异众"，形成淡雅恬静之风。

图5-34　宋代褙子

2. 织物纹样　宋代纺织品织造的品种与唐代有所区别，轻薄透气的罗织物生产达到了历史最高峰，当时流行的丝织品有泥金、印金、贴金、彩绘、刺绣、缂丝等。由于织金技术发展使服装上用金量超过以往任何朝代，所织衣料织品精美无比。丝绸纹样题材多样，大自然中的花草鱼虫、飞禽走兽都反映在纹样中。自然生动的写生折枝花纹、穿枝花纹成为宋代丝绸纹样的重要程式。花鸟纹样的流行与这一时期花鸟画的兴起有着极密切的关系。其形式为在叶中填以各类碎花，形成花叶相套的奇特效果。写实生动的纹样，清淡柔和的色调，织制在轻薄如云的纱罗织物上，使宋代丝绸呈现出一派鸟语花香的怡人气息。没有了盛唐时期那种富贵奢侈的特点，而是一种优雅、伤感和忧郁的审美趣味，这种审美情趣扩大了美的范围，美与个人生活更为密切地联系起来。

宋代几何纹样有以下三种：

（1）大几何填花纹：如八达晕、天花、宝照等纹样单位较大的复合几何纹，基本骨格由圆形和米字格套合连续而成，在骨格内填绘花卉和细几何纹，这类花纹少量用于服饰。

（2）中型几何填花纹：如盘绦纹、双距纹、毬路纹等，部分用于日常服装。

（3）小型几何纹：如连续不断的卍字纹等多用于服装面料。宋锦纹样繁复多姿，题材广泛多意。这些写实生动的纹样造型，加上几何骨格添花，花中套花，花中套物，结构严谨、质地柔软、色泽淡雅、古意盎然、风格古朴娟秀为特色（图5-35）。

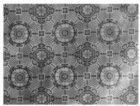

图5-35　宋锦：八达晕、盘绦纹、卍字纹

3. 缂丝　宋锦以缂丝而闻名。缂丝，又称"刻丝"，从字面上来看意思是"用刀刻过的丝绸"，这种"雕刻了的丝绸"是中国独有的丝织工艺品。是中国传统丝织工艺品种之一。缂丝流行于隋唐，繁盛于宋代。其工艺织法是先将预定的图案纹样以墨线勾稿，以生丝为经，彩色熟丝为纬线，采用通经回纬的方法织成的平纹织物。古人形容缂丝"承空观之如雕镂之像"。北宋至南宋，由于皇帝喜爱和宫廷画院的影响，加速了缂丝从装饰实用领域向欣赏性艺术品转化。缂丝超越实用工艺品的范畴，转向了纯粹欣赏性的艺术化创作，达到了中国缂丝技术发展史上难以逾越的高峰。缂品题材大都摹缂唐宋名家的书画，表现山水楼阁、花卉禽兽和人物以及正、草、隶、篆等书法。缂丝作品极其写实，细致入微，形象生动，丝丝入扣，针迹细腻、纹理均匀。明代张应文《清秘藏》评价："宋人刻丝不论山水、人物、花鸟每痕剟断，所以生意浑成，不为机经掣制。"把原作摹缂得惟妙惟肖，缂丝界出现一批摹缂名人书画的大家，如朱克柔、沈子蕃等，他们的缂丝作品，堪称中国古代缂丝艺术的巅峰之作（图5-36）。

宋时丝织品结合织物的组织结构外观特征，可分为：绫、罗、绢、缎、纺、绡、绉、锦、妆花、织金、葛、呢、绒、绸以及印花等。

（1）绫：绫织物是以斜纹组织为基本特征的丝织品，其特点是织物的经纬浮点呈现连续斜向的纹路，有"浮长线"的概念，指的是一根经/纬纱浮在相邻的几根纬/经纱上面。面料上会有明显的斜线纹路，呈现山形斜纹或正反斜纹。质地轻薄柔软，具备摇曳的光泽，这就是绫的特点，现代常用来装裱书画（图5-37）。

（2）罗：罗织物是采用绞经组织，使经线形成明显绞转

图5-36　缂丝

的丝织物。有横罗、直罗、花罗、素罗等，表面具有均匀分布的孔眼，后称"纱"。罗织物质地轻薄、通风透凉，适于制作夏季服饰（图5-38）。

（3）绢：绢织物是平纹组织，经纱和纬纱一上一下织就的一种工艺最简单的织物。早在新石器时代，人们就掌握了绢的织造技术。《释名》云："绢，粗厚之丝为之。""绢，生白纳，似嫌而疏者也。"说明绢为生织，织后练染，色白质轻，是较粗疏的平纹类丝织物，绢挺括平整，可以做妇女服装、童装等。同其他制品相比，绢容易起毛。由于绢平实纤薄，在纸流行起来之前，它是画作载体的首选（图5-39）。

（4）缎：缎织物是采用缎纹组织，即在经纬丝中变化提升显现于织物表面的经纬丝，形成外观光亮平滑的丝织品。缎出现后，渐渐代替了绫的地位。直到今天，在正式场合的礼服也会选用缎作为衣料。因为缎纹组织的浮长线是最长的，因此最易勾纱。缎组织循环数分为5枚缎、7枚缎、8枚缎；根据提花方式还可分为花缎和素缎。缎织物在明清时成为丝织品中的主流产品专供皇亲国戚使用，以后织缎工艺流向民间，遂成为南京苏州丝织业的主要品种之一（图5-40）。

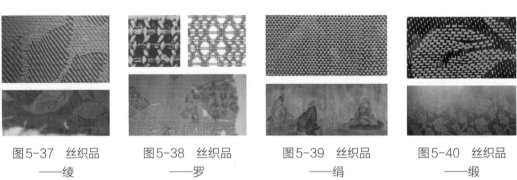

图5-37 丝织品——绫　　　图5-38 丝织品——罗　　　图5-39 丝织品——绢　　　图5-40 丝织品——缎

（5）绡：绡是选用生丝以平纹或变化平纹织成的轻薄透明的绸子。绡类品种按加工方法不同分平素绡、提花绡、烂花绡和修花绡等；按原料不同又有真丝绡、合纤绡、交织绡以及在绡地上嵌有少量金银丝的各种闪光绡等。一般素绡织物轻薄，细洁透明，织纹清晰，绸面平挺，手感滑爽，现代也称欧根纱。主要用作妇女晚礼服、结婚礼服兜纱、戏装连衣裙以及披纱、头巾等（图5-41）。

（6）绉：绉织物是一种皱纹丝织品，用起收缩作用的捻合线做纬线织成，质地坚牢。有轻薄透明似蝉翼的乔其绉，薄型的双绉、碧绉，中厚型的缎背绉、留香绉，厚型的柞丝绉、粘棉绉等。绉在外观上呈现出粗细不同的皱纹，光泽柔和，手感柔软而富有弹性。常用来做衣服、被面、僧袍、丧带或蒙面纱。

（7）妆花：妆花是采用挖梭工艺织入多种彩色丝线的提花织物。妆花织物可分为妆花纱、妆花罗、妆花缎等。妆花花纹较多，线条交错相互配合，用色极为丰富，是古代丝织品最高水平的代表（图5-42）。

（8）织金：织金是在织物组织上再织入金线的织物。织金是元代时最为流行的技术，当时的统治者喜欢用织金来表现出富贵、尊贵的气质，织金锦大致上可以分为两大类，一种是用金箔捻成金丝和普通丝线一起织成的，另一种是用片金法制成的，就是用长条的金箔夹在丝线里面，花纹大多只有金色一种颜色，但是用料颜色丰富。最为著名的是元代的纳石矢。织金纹样花满地少，充分突显金的效果（图5-43）。

（9）**织锦**：指的是多彩提花丝织物，主要有3类品种：

①经锦：用彩色丝线以经线显花的织锦，称经锦。平纹经锦是中国传统织物，"汉锦"几乎都是经锦，是平纹经重组织。唐以前主要采用以经线显花的经锦（图5-44）。

②纬锦：用彩色丝线以纬线显花的织锦，称纬锦（图5-45）。受西域纺织文化的影响出现了斜纹纬锦，上面载有西域风格的纹样，比如著名的连珠团花纹（图5-46）。

③云锦：在古代丝织物中，"锦"是代表最高技术水平的织物。云锦萌发于元代，盛于明清，在元明清三代为宫廷垄断，由于不惜工本、精益求精以及其丰富的文化、科技内涵，被称作中国古代织锦工艺史上的里程碑，是"东方瑰宝"。云锦，生产工艺极其复杂，讲究"挑花结本"与"通经断纬"。一台大花楼提花织机要两个技术熟练的工人一上一下配合着才能完成，直到现在，云锦依然必须保证纯手工制造，是真正的"寸锦寸金"。"挑花结本"，这个词对普通人来说可能十分陌生，它正是生产云锦的核心技术。一幅云锦由无数根素色经线和无数根彩色纬线交织而成，每一个节点就像一个像素，数量极其庞大的像素组成了一幅又一幅美丽的云锦（图5-47）。

图5-41　丝织品——绡

图5-42　妆花

图5-43　织金

图5-44　经锦工艺示意图

图5-45　纬锦工艺示意图

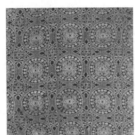

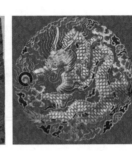

图5-46　连珠团花纹锦　　　　　　　　　图5-47　云锦

（10）**少数民族织锦**：在我国少数民族中，有很多漂亮的织锦，如土家锦、黎锦、苗锦、壮锦、侗锦等。

①黎锦：古称"吉贝布"，是海南黎族一种富有地方色彩和民族传统的手工艺，具有制作精巧、色彩鲜艳的特点。黎锦图案主要有人纹、动物纹样，具有夸张饱满、有量感力度的造型风格和形式美感，带有浓厚的民族特色。黎族妇女通过夸张和变形的工艺创造手法，把黎族人民的生活、生产场景反映在织物上，使图案造型具有可视性和艺术性，海南黎族织锦被称为中国纺织史的"活化石"，2009年已被列入国家级非物质文化遗产名录（图5-48）。

②土家锦：又称"西兰卡普"，"西兰"是被面，"卡普"是花，两句连接起来，就是"带花的被面"。土家姑娘在八九岁时便开始跟母亲或嫂姐学挑织手艺，到长大成人便成为土家织锦的能工巧匠，要为自己织造十块以上的"西兰卡普"作为嫁妆，一般由三幅连成被面，也可作枕巾、脚扎被、茶几垫、桌围、绑腿或作挂包、壁挂之用。织锦主要是土家姑娘未嫁之前为自己织绣的嫁妆，她们既是创造者又是接受者，在织造的过程中倾注了自己对于美好未来的向往和无限的精神寄托，同时也是对自己心灵手巧的展示。"西兰卡普"无不体现出饱满、丰富、天真、灵秀的风格和几何抽象的形式感，也能感受到其纹饰与工艺创造的无穷变化（图5-49）。

图5-48　海南黎锦　　　　　　图5-49　土家织锦符号纹、八勾纹、
　　　　　　　　　　　　　　　　　大合花、猫抓纹

（七）明代服饰

明代服饰仪态端庄、气度宏美，是华夏近古服饰艺术的典范。

1. 款式 明装与唐装相比，衣裙比例明显倒置，加长了上装的长度，身长三尺有余，露裙二寸，衣领也从宋时的对领变化成以圆领为主，当今中国戏曲服装的款式纹彩多采自明代服饰。明代妇女服装款式主要有衫、袄、霞帔、褙子、比甲、裙子等。

（1）霞帔：是古代妇女的披肩服饰。帔子形状像两条彩练，绕过头颈披挂在胸前，下垂一颗金玉坠子，其美如彩霞，所以有了霞帔的名称。霞帔早在南北朝时期就已出现，到宋代正式作为礼服，是宋以来宫廷中命妇的着装形象，作为贵妇命服的用色和刺绣纹样使用不同品级高低有别，近似百官的补服，都有严格的形制规定（图5-50）。

（2）褙子：明代褙子，也叫披风，从隋唐时期的"半臂"演变来。流行于宋代，定型于明代，是宋朝到明朝时期女子的常用服饰。样式以直领对襟为主，直领相系，领较宽，大袖，衣长过膝。大袖衫也是褙子的一种，从形态上有着严格的尺寸规定：袖宽三尺五分，后裾拖地，领宽三寸。明代褙子按照身份来定制，如贵族穿用的褙子为直领大袖对襟形式，平民穿用的多为直领小袖对襟形式（图5-51）。

图5-50　霞帔　　　　　　　　　　图5-51　褙子、大袖衫

（3）上襦下裙：襦也称袄，虽是唐代妇女的主要服饰，但在明代妇女服饰中仍占一定比例。明风的"袄裙"特点是马面裙、琵琶袖、深交领、无披帛，上襦为交领，分两侧开衩和不开衩的，长襦一般在腰胯间，短襦在胸部和肋骨之间，浅色裙子有暗纹饰，裙幅为六幅，后由八幅增至十幅，腰间褶裥越来越密，每褶都有一种颜色，微风吹拂色如月华，故也称"月华裙"（图5-52）。

（4）水田衣："水田衣"是明代的特色服装，是一种用各色零碎料拼合缝制成的衣服，因整件服装织料色彩互相交错形如水田而得名（图5-53）。水田衣的制作是将布料事先裁成长方形，匀称而有规律地编排缝制成衣；也有将织料大小不一形状各异并置在一起；民间有将周边邻户人家的碎布块收集缝成"百家衣"，给刚出生的婴儿穿上，寓意着孩子好赡养和今后多福多寿。儿童百家衣的来源是父母期望孩子健康成长，认

图5-52　上襦下裙（琵琶袖马面裙）　　　　　　　图5-53　水田衣

为这需要托大家的福，托大家的福就要吃百家饭、穿百家衣。

（5）比甲：是一种无袖无领的对襟马甲，样式比原来马甲要长，是一般妇女的服饰。《元史》中记载："又制一衣，前有裳无衽，后长倍于前，亦去领袖，缀以两襻，名曰'比甲'。"服装制作根据时令变化换用不同的质料与加饰象征各个时令的应景花纹。

2. 面料纹样　明代的官服制作精美，整体配套和谐统一，有绣龙、翟纹及十二章纹，纺织工艺水平极高。

（1）龙纹：龙图案从上古发展到明代经历了无数次变化，先秦龙纹形象比较质朴粗犷，大部分没有肢爪近似爬虫类动物。秦汉时期龙纹多呈兽形，肢爪齐全但无鳞甲，绘成行走状；明代龙形象集中了多种动物的局部特征，不仅有传统的行龙、云龙，还有团龙、正龙、坐龙、升龙、降龙等名目。皇帝穿用的黄地云龙以折枝花孔雀羽妆花缎织成袍料，就是用片金线和十二种彩丝及孔雀羽线合织而成的（图5-54）。

（2）动物纹：明代服饰动物图案题材宽泛，有兽类中狮子、虎、鹿；飞禽类中仙鹤、孔雀、锦鸡、鸳鸯、鸂鶒、喜鹊；鱼类有鲤鱼、鲶鱼、鳜鱼；昆虫类有蝴蝶、蝙蝠、蜜蜂、螳螂等，同时还有想象性的动物斗牛、飞鱼、麒麟、獬豸、凤凰等。

图5-54　明代吉服刺绣　双龙灯笼纹圆补

（3）**人物纹样**：明代服饰中人物纹样有百子图、戏婴图、仕女、太子、神仙、佛像等。服饰纹样受统治阶级审美思想尺度的支配，宫廷服饰和民间服饰是对立的民族文化统一体，它们互相渗透，互相影响，民间丰富多彩的生活情调和具有的工艺形式美的服饰艺术不断向宫廷渗透，根据意识观念赋予服饰纹样以特定的象征意义。

3. 吉祥纹样 明代服饰纹样中的吉祥图案是服饰艺术的一大特色。宋元以来，随着理学的发展，在装饰艺术领域反映意识形态的倾向性越来越强化。社会的伦理观念、道德观念、价值观念、宗教观念都与装饰纹样的形象结合起来，表现某种特定的含义，几乎是图必有意，意必有吉祥。主要含有象征、寓意、比拟、表号四种意义。第一种象征：根据花草果木的生态形状、色彩、功用特点来表现特定的象征意义。例如，石榴内多籽实，象征多子；牡丹花型丰满色彩娇艳，被称为"国色天香""花中之王"象征富贵；葫芦和葡萄的藤蔓不断生长，不断开花、结果，象征长盛不衰子孙繁衍；灵芝象征长寿等。明代丝绸纹样中灵芝纹用得很多，因灵芝形状像如意，也象征长寿。第二种寓意：借民俗或文学典故题材来寄寓某种特定的含义。如莲花在佛教中是清净纯洁的象征，莲花出淤泥而不染，将莲花作为纯洁的象征。第三种比拟：赋予某种题材以拟人化的性格。如梅花在一年中开花最早被比拟为花中状元，梅花枝干孤高挺秀不畏寒冷，又用梅花比拟文人清高。南宋马远把梅花、松、竹作《岁寒三友图》比拟君子交友；并蒂莲花比拟爱情忠贞。第四种表号：以某些事物作特定意义的记号，如把萱草称为宜男草、忘忧草是母亲的表号。佛教的八种法器宝轮、宝螺、宝伞、宝盖、宝花、宝罐、宝鱼、盘肠是吉祥的表号，称为"八吉祥"（图5-55）。

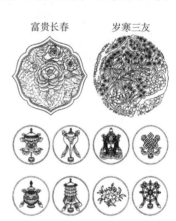

图5-55　图案的寓意

（八）清代服饰

清朝服饰是中国历史上服饰第三次明显的突变。

1. 款式 清代冠服制度浩繁，四季服色各异，质料、当胸补子、朝珠、翎子眼数、顶子材料都有严格等级区别。官职品级的主要标志是方形补子：文官绣飞禽，武官绣猛兽。文一品官仙鹤补子官服，与补服一起穿着的是用贵重珠宝香木制成朝珠项链，构成清代官服的一大特点。男子服装主要有袍服、褂、袄、衫、裤等，袍褂是最主要的礼服。皇帝冠服不仅有冬夏之分，还按用途场合不同分成不同的规格。最高的礼服是龙袍，其次是大典时穿的端罩、衮服；日常穿着常服吉服；巡狩时穿行服、行袍或雨服等。清代后妃服饰规定为：皇后朝服由朝冠、朝袍、朝褂、朝裙及朝珠等组成，朝褂是穿在朝袍之外的服饰，其样式为对襟、无领、无袖，形似背心，上面绣有

龙云及八宝等纹样，如清代乾隆与皇后所穿的缎绣五彩云金龙朝袍（图5-56）。日常穿直身长袍垂至地面掩住旗鞋，长袍外罩大襟、对襟或琵琶襟等形制的马甲，足穿"花盆鞋"，这是清代典型的穿着造型。清末的旗袍样式，主要特点为宽大平直，衣长及足，材料多用绸缎，衣上绣满花纹，领、衣、襟、裾都滚有宽阔的花边（图5-57）。从清末到20世纪20年代，旗袍在袖子及下摆部分的变化为：袖子从宽到窄，从长到短；下摆从长到短，再由短到长，完全随着时代流行而变化。30年代经过加工曲线突出的修身旗袍，成为传统服饰的代表，具有永恒的价值。

图5-56　清代朝服　　　　　　　　　　　图5-57　旗装

2. 织物纹样　主要纹样有龙狮麒麟百兽，凤凰仙鹤百鸟，梅兰竹菊百花以及八宝、八仙、"福禄寿喜"等常用题材，图案纤细繁缛，色彩鲜艳复杂、对比度高，花边镶饰盛行。无论是织花提花，多采用象征吉祥富贵的纹样。

服饰在各个时代有着不同的流行风格和审美格式。奴隶制下商代崇尚威严庄重的狞厉美；封建制下周朝崇尚秩序井然的端庄美；百花齐放的春秋崇尚清新凌厉的动感美；文景之治的汉代崇尚凝重浑厚的淳朴美；鼎盛繁荣的唐朝崇尚丰满华丽的富贵美；程朱理学的宋代崇尚理性的文雅美；气度宏美的元代崇尚豪放的粗犷美；明代崇尚繁丽的厚重美；清朝崇尚纤巧细腻的美，等等，这些美的风格意蕴的形成无不体现出中国古人的设计思想和内涵教义。

三、中国近现代服饰与设计

在中国近代史上一个伟大的事件是辛亥革命，对中华民族振兴的进程，以及服饰形象的改革都具有不可磨灭的历史功绩。1912年，孙中山就职，宣告"中华民国"成立，废除各省官厅、焚毁刑具、废止刑讯；通令剪辫子；禁止赌博、禁止缠足、禁止吸食鸦片；鼓励兴办工商业，振兴农垦业，提倡普及教育等。这些政策法令，移风易俗，革故鼎新，促进了民族资本主义的发展和民主观念的传播。

（一）20世纪20年代中式旗袍与中山装

中国真正意义上的服装设计观念与时尚交流，可以说是从20世纪20年代开始的。旗袍属于袍服类中的一种，满族妇女袍子造型线条平直硬朗，衣长至脚踝，两边不开衩，宽边装饰，直身宽大，不露肌肤，是满族的传统衣饰。满族人又叫旗人，所以有"旗袍"之称。20世纪20年代，旗袍还受很多清朝"旗服"的影响，平面的裁剪、宽松略大的下摆。旗袍普及并成为京城文化的特色，也成为最普遍的女子服装。上海受西式服装的影响，旗袍长度缩短，略收腰身，肩部出现合体的结构，袖口变小，绲边也变细窄，旗袍样式明显改变，这一时期是海派旗袍逐渐形成的时期。20世纪20年代的旗袍堪称经典，端庄舒适古典的长款、细致的面料、略宽松的版型都透露着时代的特点（图5-58）。

清末民初，孙中山先生吸收了西服轻便得体的优点，再参考日本学生的校服，创制出一种有中国特色的便服叫"中山装"。其造型特点是：翻折式立领，单排7粒扣，上下各两个贴袋，上贴袋身为对折式，有两条装饰线，上贴袋盖呈倒山形笔架式，其寓意为中国革命的胜利必须依靠知识分子；下贴袋身为暗缝立体式，袋盖呈长方形。中山装的出现特别受到进步人士和知识分子的推崇，并且延续不衰（图5-59）。

图5-58　20世纪20年代的旗袍　　　图5-59　中山装

（二）20世纪30年代海派旗袍

20世纪30年代是旗袍的黄金时代。30年代初，由于科技发展和缝纫机械的出现，使服装的社会文化功能发生了根本的变化，人们对服装的造型美、时尚美的要求变得越来越明显。其动因主要有两方面，其一是20世纪二三十年代有大批国外留学生回国，将海外的着装观念和穿着方式带回国，使一部分进步人士脱去长袍马褂而穿起了西式洋装；其二是受来自美国好莱坞电影文化和海派服装的影响，以上海为主的大都市女性追求地道的海派西洋风格。这一时期旗袍盛行，海派旗袍无论是裁剪还是设计都更加西方化，旗袍的局部被西化，在领袖结构上采用西式工艺处理，如用荷叶领、西式翻领、荷叶袖等，采用胸省和腰省，旗袍造型收腰变长紧身，而且高开衩，前低后高，

镶饰花边的领子越高越时髦，即使在盛夏，薄如蝉翼的旗袍也必配上高耸及耳的硬领，衣身显露身体曲线，符合东方女性精致玲珑含蓄雅致的理想形象。

20世纪30年代末的"改良旗袍"，裁法和结构更加西化，胸省和腰省使旗袍更加合身，出现了肩缝和装袖，使肩部腋下也更加合体，还使用较软的垫肩，女性开始抛弃以削肩为特征的旧的肩部造型，旗袍作为中国最具民族特色的衣饰之一，也是最能展现东方女性优雅美的一种礼服。被称作Chinese dress的旗袍，即是指20世纪30年代的旗袍，是旗袍文化的黄金时代。旗袍与西式外套的搭配也是一大特色，这使得旗袍进入了国际服装大家族，可以与多种现代服装组合。旗袍相继还出现连袖式、对开襟、琵琶襟等形式，根据季节和不同的要求，有单、夹、袄之分；袖子也有长、中、短，或松、紧多样之别（图5-60）。

卞向阳教授《论旗袍的流行起源》说："旗袍是中国服装传统的西化变异，是中西服饰交融的设计典范。"20世纪40年代初，中国服装从以手工缝制技术为主，逐渐过渡到以半机械化缝制为主，由传统手工服装业向现代服装产业过渡，这一时期产生了一批精于缝制又善于设计裁剪的红帮、白帮和本帮师傅。20世纪40年代抗日战争开始，旗袍开始向经济、便于活动的实用功能考虑，一种简便、朴素、适体的旗袍式样成为20世纪40年代旗袍的独特风格。中华人民共和国成立之初，妇女穿旗袍还很普遍，旗袍作为我国传统的民族服装，线条简练而优美，造型质朴而大方，适合东方妇女穿着，在国际上产生一定影响（图5-61）。

图5-60　20世纪30年代高领窄袖开衩旗袍　　　　图5-61　20世纪四五十年代旗袍

（三）20世纪50年代旗袍隐现与中山装改良

中华人民共和国成立后，旗袍进入了它的冰冻期。20世纪50至70年代受到冷落，但是，旗袍在中国香港和海外依然受到华人青睐，人们把旗袍作为自己喜爱的服装，或穿着最具民族代表性的旗袍参加重要的节日。

20世纪50年代，新工业技术和新文化运动的相互渗透为服装变革提供了前提条件。中山装受到时尚文化的影响，尤其是受到列宁装的影响，在款式上有了新变化，如翻折领的领变尖了，单排7粒扣变为5粒扣，上下贴袋在原有的基础上作了简化处理。20世纪50年代是中国"大跃进"时代，在勤俭建国勤俭持家的精神力量下，人们衣着简朴蓝色、灰色的中山装和列宁装是那个时代流行的时尚（图5-62）。

（四）20世纪六七十年代蓝色调与绿色调

20世纪六七十年代，绿色是革命的象征，人们衣装是一片"绿色海洋"：绿色军装、绿色衣裤、绿色军帽、绿色军包、绿色水壶、绿色球鞋等（图5-63）。20世纪60年代，服装教育家兼设计师李克瑜，担任了《天鹅湖》《东方红》《红色娘子军》《祝福》《仿唐乐舞》《奥赛罗》和美国休斯敦芭蕾舞团《小仙女》《海盗》等大型歌舞剧的服装设计，她是那个年代著名的舞蹈速写大师，是我国资深的服装设计教育家（图5-64）。

20世纪70年代末，服装的社会文化功能发生了根本的变化，中国服装进入一个新的发展时期，服装设计的教育首次纳入教育部颁布设置的工艺美术教育专业。对外开放，人们的着装又出现了花样和色彩。

图5-62　20世纪50年代服装　　　　图5-63　20世纪60年代服装

图5-64　李克瑜先生舞蹈速写

（五）20世纪八九十年代现代旗袍

20世纪80年代，随着传统文化被重新重视，影视文化、时装表演、选美等带来的影响，旗袍不仅在大陆地区复兴，还遍及世界各个时尚之地。1984年，旗袍被指定为女性外交人员礼服。被冷落了30年之久的旗袍，在20世纪80年代开放后的国土上逐

渐复苏。1984年8月，中国第一支表演队——上海时装表演队成立，并在中国香港演出，模特作为美的使者传播服饰文化，成为社会上瞩目的时髦群体。时装表演日趋成熟成为提升和强调服装艺术交流沟通展示的使者，将服装艺术从原来一种不自觉的艺术形态升华到使人自觉地认识服装艺术性的艺术活动。20世纪90年代旗袍复兴，在亚运会、奥运会、博览会等国际会议上作为礼仪服装。法国著名服装设计大师皮尔·卡丹（Pierre Cardin）曾说："在我的晚装设计中，有很大一部分作品的灵感来自中国的旗袍。"随着传统文化重新被重视，2011年5月23日，旗袍手工制作工艺被国务院批准为第三批国家级非物质文化遗产之一（图5-65）。

图5-65　20世纪90年代旗袍

四、中国服装设计教育的发展

20世纪80年代，由于社会改革开放带来了经济和文化的发展，人们对服装文化有了深层次的理解，对服装文化的需求显得尤为迫切。服装产业需要发展，需要服装设计专业人才，需要专业服装设计师。服装产业的发展企业近6万多家，设计人才稀缺。我国高校相继开设了服装设计专业相关的本科教育，在经历了经验型与学院型设计师教育探讨以后，改变了服装业就是小裁缝的理论观念。1985年，中外服装文化时尚交流拉开了序幕，有三位世界著名服装设计大师先后来到首都北京举办时装展览，一是来自法国设计师依夫·圣·罗朗（Yves Saint Laurent）在中国美术馆举办了"25年个人作品回顾展"，使我们看到了国际级设计师25年艺术生涯中的经典作品，也让我们探寻世界时装艺术的发展轨迹。二是来自巴黎设计师皮尔·卡丹（Pierre Cardin）大型个人时装作品展示会，百余套别开生面的作品让中国人目睹了世界服装大师的艺术才华和经营之道。三是来自日本设计师小筱顺子（Junko Koshino）题为依格·可希依（JK）的时装作品展示会，使我们了解了日本服装，对国内专业人员时尚眼界的开阔起到了引领作用，这是我国服装设计发展中具有里程碑意义的一年。

1994年中国服装设计师协会成立，为中国时装设计师的职业化、专业化发展奠定了基础。服装设计师职业的艺术与技术内涵逐渐清晰明朗，一种新型的理论与实践相结合的服装设计专业人才相继毕业，他们成为服装行业和电影、电视、戏剧、舞蹈服装设计等艺术领域的中坚骨干。

20世纪90年代是中国服装设计飞速发展的时代，东西方文化的交流与融合，多种艺术活动和设计流派的影响，使服装文化内涵远远超越了它原有的模式。来自国际上的服装信息不断地更新着现代设计师的审美观念和行为，至1997年，设计师群体已初步形成了职业概念和职业表象。1998年至今，为设计师群体扩张时期，服装业发展和时尚产业的兴起，时装设计师已经成为外延广泛而内涵充实的社会职业，服装设计成为年轻人向往的职业。服装设计事业的繁荣反映在20世纪50年代后出生的一批设计师身上，国内涌现出一批设计人才，主要有张肇达、吴海燕、刘洋、马可、陈闻、武学伟、武学凯、计文波等。他们将绘画、电影、音乐、民族民间等艺术形式与服装元素创新设计，借鉴现代西方的表达技巧，结合中国文化的灵魂，缔造国际化的中国时装。

1993年初，中国拉开了国际服装服饰博览会幕布，中国服装的名师、名牌工程相继开始启动；大连国际时装节、上海国际时装文化节、宁波国际时装节等，同时全国性的各类服装设计大赛先后举办，有蕴涵创意概念为宗旨的"兄弟杯"国际青年服装设计师大赛；有蕴涵创意与实用为宗旨的"中华杯"服装设计大赛；有代表服装教育成果的"全国师生杯"服装设计大赛；还有推出新秀设计师的"新人奖"大赛；代表市场和休闲为宗旨的"真维斯"休闲服装设计大赛等。多方面的措施和手段使全国的服装设计师如雨后春笋般地涌现出来，每一年"全国十佳服装设计师评选""金鼎奖"优中选优，吴海燕、张肇达、刘洋、马可等一批批年轻的服装设计师和服装名牌受到社会瞩目。2003年10月13日，中国六位年轻时装设计师武学凯、房莹、王鸿鹰、顾怡、梁子、罗峥代表中国第一次登上巴黎卢浮宫T型台，向世界展示了当代中国时装原创设计，跨出了走向世界的重要一步，他们都是新一代高等学府毕业走向市场化的新锐设计师。

纵观服饰设计和设计教育发展的历史，它的文化内涵总是渗透在各个历史时期的社会生活中，它是时代政治、经济、文化的产物，浓缩着人类的社会文化观念和民族文化风貌。中国服装设计教育走过40多年，从2013年中国国际大学生时装周举办以来，全国范围的大学生专业活动内容涉及作品发布、专项展览、论坛讲堂、设计大赛、专业评选等。通过大学生时装周"从校园学习到社会实践"的桥梁，为中国的新一代设计者搭建了综合性的立体平台，为中国高校对学生培养的社会需求提出新的思考和探索。

第三节 中国古代服饰文化

任何一个时期的审美设计倾向和审美意识并非凭空产生的，它必然是根植于特定的历史时代，特定的社会背景下形成的一种观念，进而影响到人的生活、设计或行为。分析作为文化形态的服饰，可以理解人类在各个历史阶段审美意识的文化理念显现行为。中国是"衣冠王国"，历代服装曾经在中国人类文明史谱写过光辉灿烂的篇章，篇幅所限，只能择其主次简述古代服饰文化观形成的几种主要观点。

一、《周易》服饰观

《周易》是民间最早的哲理书和卜筮书。对于中国文化特别是服饰文化有着深广的影响。对服饰有影响的学说主要有：

（一）服饰起源观

黄帝始制衣裳说。《周易·系辞下》有："黄帝尧舜垂衣裳而天下治，盖取诸乾坤。"作为中华服饰起源论的资料佐证，远古先民在服饰起源的文化观念上将服装起源归结为实用御寒功能，将服装的创造制作与古时英明君主相联系。

（二）服饰治世观

《周易》将服饰与治天下联系起来，点示出古代社会服饰需要的社会政治功能和伦理教化作用。自古以来，在中国都是将服饰放在了"天下治"的重要位置，历史上"改正朔，易服色"只要改朝换代都要进行一次服饰改制，以正观瞻。这种强调和渲染所形成的文化氛围笼罩了中国服饰境界的服饰治世的观点，中国宽衣博带的服饰本身就是具备了神圣感和崇高感的威严仪式。

（三）服饰象征观

在服饰发展过程中，从天子到臣民都看重服饰上的图案，"或重教化，或重等级，或重自炫，或兼而有之。"《周易》为我们提供了有关服饰象征最早的文化依据。"予欲观古人之象，日、月、星辰、山、龙、华虫作会（即绘），宗彝、藻、火、粉米、黼黻、絺绣并以五彩施于五色，作服汝明。"这即是古今公认的十二章纹。十二章纹施之于冕服，在设计者和服用者那里就赋予了它明确而固定的文化内涵，有着明显易见的文化垂教的设想和功能。汉代《服疑》曰："是以天下见其服而知贵贱，望其章而知势位。"就是说天下人见到不同的款式就知道其身份的高低贵贱，看到不同的图案就能分辨出其权势尊位的不同。更深一层来看，每一朝代不同的章纹和色彩的意义不只是一般意义上表示身份等级，还有着梳理社会秩序、熏陶理想人格、强化历史责任等含义，而服饰自有的特定内涵，将能够唤起穿着者特有的思维模式与言行规范。

（四）中和之美观

"中和"思想是一种让人与自然融为一体的思想，《中庸》道："致中和，天地位焉，万物育焉。"《论语·庸也》："中庸之为德也，其至矣乎。"儒家认为，任何一种极端都会向它的反面转化，只有中和，才能包容万物、兼融众美。这种伦理思想的人生观影响了中国自古以来的服装造型和设计配色，自古以来的服饰色彩多呈中性色彩，服装无肩造型，款式中性化，外敛内敞，上俭下丰，中国文明有着不同于其他文明形式的长期超稳定的结构模式。中国历代服装一直在两种基本的形制，即上衣下裳制和衣裳连属之间交替，兼容并蓄。这种以居中为美的审美意识以及在周易文化影响下的审美风貌，表现在神韵上也是一种中和的线的形式美，以线状万物，以线写心意，以线传神韵，以线抒情写意，等等。

《周易》的中和居中的审美意识，还包括为人要适度，着装要适可而止，设计要面面俱到，不暗淡也不花哨，不能不打扮也不能太讲究，能兼顾各方和谐相处，并被各方所接受方为美为尊，演绎出中和为美的"合适"观。在中国古代哲人看来，人是形和神的统一，即肉体与精神的统一，形式与内容的统一，这是一个不可分割的整体，因此无论道还是儒，都主张精神与肉体兼并，美与善合璧，历代服饰也正体现了人和物之间的审美和谐以及自然形式的外化美感。

二、孔子的服饰观

孔子是举世公认的中国文化的代表，他的学说不仅在中国文化史上，而且在世界文化史上都有着举足轻重的地位和分量。事实上，孔子的服饰观早已穿越时空，无论是在当时，还是在后世，即便是在今天，都对人们的着装心态产生着极大的影响。

（一）礼制观

服饰治天下，在《论语》中记载："子夏问为邦，子曰：'行夏之时，乘殷之车，服周之冕……'"这段话是学生问老师如何治理国家，回答却是具体的有关事宜。即实行夏代的历法，夏用自然历，春夏秋冬合乎自然规律，便于农业生产，可谓得天时之正；沿袭殷商的车制，殷车有质朴而狞厉之美；遵从周代冠冕堂皇的服饰制度，质美饰繁，等级规范，富有文采，这是将服饰与治理国家联系起来的典例。春秋时代，孔子最关心服饰，从款式结构到颜色，从制作衣料到穿着态度表情都有详细论说。他认

为，服饰独特的款式一旦演绎为惯制，上升为文化传统，就会成为一个民族存在的外在标志，成为一个民族尊严的寄托与象征。孔子的服饰观向未来辐射，渗透着巨大的潜力和魅力。《论语·子罕》中："麻冕，礼也；今也纯，俭，吾从众。"说的是传统的冠冕是以葛麻织成是礼仪的规范；纯是黑色的丝，今天人用黑丝来编织，以丝换麻，这是随着社会文明进步而出现的材质的优化与美饰，这一变化没有影响礼的实质，而且从俭了。这段话表现了孔子对丝织冠冕的变化抱以一种说教随和的态度，而这种随和本身就是对变异的新局面的重新驾驭与疏导。

《礼记·哀公问》鲁哀公对婚礼着冕服不满，在周代冕服的使用只限于祭祀天地、五帝、先公、祭社稷等特别隆重的场合。哀公曰："结婚着冕服，是否过分是否违礼？"孔子曰："天地不合，万物不生，大婚，万世之嗣也，君何谓已重乎？"意思是：婚姻是人类得以万世承传生生不已的大事，像天地和谐万物生息一样的隆重，仅仅穿戴一下冕服怎么能说过分？难道婚姻不能承受如此之重吗？冕服在这里的应用，就其功能而言，渗透的是重传统、重祖先、重既往的文化信息。可以看出孔子从重子嗣、重婚姻着手，使之具备了注重未来的文化意蕴，使越级非礼的婚礼服饰有了名正言顺的地位和尊严，后世因此而有了新郎着官服，新娘戴凤冠霞帔的习俗。这些充分表现出孔子对服饰变化宽容灵活的礼制观。

（二）衣人合一观

衣人合一观是强调衣的穿着要和人的生活环境、与交际场合具体情境联系起来的一种观点，顺应自然与自然"共生"的美学观。"天人合一"的思想是中国古代文化之精髓，是儒、道两大家都认可并采纳的哲学观。这种观念产生了一个独特的设计观，即把各种艺术品都看作整个大自然的产物，从综合的整体的观点去看待产品或商品的设计，服饰也不例外。服装的穿着讲究顺从和适应环境的需要，使之和谐统一，这是中国传统文化的本质之源。这种观念从另一个方面说明设计要合乎自然的条件，在我国最早的一部工艺学著作《考工记》中记载："天有时，地有气，材有美，工有巧，合此四者，然后可以为良。"两千多年前的中国工匠就已意识到，任何产品设计生产都不是孤立的行为，而是在自然界这个大系统中各方面条件综合作用的结果。"天时"乃季节气候条件，"地气"则指地理条件，"材有美"为材质性能条件下的视觉美、肌理美等物质条件，而"工有巧"，则指掌握制作手工技艺的技术条件，为服装解释就是指服装的着装季节、着装环境、衣料的质地、衣服造型和工艺等。只有这些达到和谐统一才有精妙的设计，其审美情感意识、设计原理，合乎自然之道，合乎衣人合一，这种观念与现代服装设计TPO（Time、Place、Object）原则几乎同出一辙。

（三）文质互补的美饰原则

1. 文质互补观　孔子曰："君子不可以不饰，不饰无貌，无貌不敬，不敬无礼，无礼不立。"因此必须"正其衣冠，尊其瞻视。"孔子从人品人格的角度梳理衣人关系，提出文质互补的美饰原则。"君子正其衣冠"这不仅仅理解为一般意义上的穿衣戴帽要整整齐齐，以示有文化教养，衣冠的周正本身就是成为君子起码的理解和必备的条件。古人的服饰意识里把服饰的正与不正，看作一个人能不能立足于上流社会的标准。服饰要合乎"礼"的要求，只有着装适度，才能体现出社会制度的有序和本人的综合修养，也才能符合社会规范，并且也直接与"治国齐家平天下"的制度秩序有关。

2. 文质合一观　君子正其衣冠另一观点是文质合一观。《论语·雍也》中："质胜文则野，文胜质则史。文质彬彬，然后君子。"可以理解为没有合乎礼仪的外在形式就显得粗野，但如果只有美好的合乎"礼"的外在形式，掌握了符合进退俯仰的给人以美感的动作与着装礼仪，而缺乏"仁"的品质，那么包括服饰在内的任何外在装饰都只能使人感到虚浮。这里质是指内在资质智慧，文指外在的形体文饰，只有资质与文饰都具备才是完美的君子风度。可以见得服饰本身的形态及其穿着上的讲究能起到展示人格理想的作用，这正像黑格尔所说的"美是绝对理念的感性显现"一样，服饰在这里也正是以感性的形态显现了孔子所认定的伦理情感的理念。

三、庄子的服饰观

老庄是先秦时代最早以反省态度面对现实与历史的哲学家，是道家学派的奠基人。"圣人被褐而怀玉"这一服饰美学观念是老子在《道德经》里阐述的观点。所谓"被褐怀玉"，是内持珠玉外着粗褐陋装，是注重人的内在美质，忽略外形美饰的人格象征。庄子进一步发展为"养志忘形"的境地，意即服饰意境只在于追求陶醉心灵的满足感，理想的人生应该"养志者忘了形骸，养形者忘了利禄，求道者忘了心机。"在老庄服饰境界构建中，塑造被褐怀玉的风范是有意淡化或者消解外在的美饰，而重视人的精神气韵和人的内在气质，如果没有这种气质，那就只有被褐而没有怀玉。其实这种观念与服饰"暖而求丽"的自然规律相左。譬如：道教推崇的八仙是心地善良而身怀绝技的人物，其形象如铁拐李蓬头垢面；张果老衣着俭素倒骑毛驴；蓝采和衣衫褴褛；济公活佛身着袈裟逍遥破巴扇。这里并不是在赞誉自古以来传说人物或高人隐士的服饰榜样，而是作为个性的文学形象，一种思维模式和文化心理结构的整体形象。从这一意义上来说，服饰也不失为一种独特的个性显现。"被褐怀玉"实质上是一种内在精神的释放和个性显现，这观念较普遍地影响了部分中国人的着装意识与着装风貌。

第四节　西方现代艺术与服装

　　服装设计不能只看服装本身，任何一个时期的审美设计倾向和审美意识并非是凭空产生的，它必然是根植于特定的时代，在特定的社会历史背景下形成一种观念或思潮，进而影响人的生活、设计或行为。作为文化形态的服饰是人类在各个历史阶段的审美意识和文化理念的显现，设计受制于概念传达，新颖的概念引导创新设计。服装设计的魅力在于艺术的存在，设计中的文化、时尚流行、形式指向等形成有理念的创意思维，没有概念的设计，只能是拼凑抄袭的设计；没有风格的设计，只会趋于雷同；雷同的产品，只能是低价位的无序竞争。服装品牌和时装设计师要立足于品牌林立的市场，受到消费者欢迎，必须有自己独特的风格产品和不断的创新意识。作为实用艺术的服装设计，其灵感概念无不来源于社会现实与当代艺术思潮和艺术流派的融合。无论是哪一品类的服装，如社交礼仪服、城市职业服、商务休闲服、休闲旅游服等，在激烈的竞争市场中若能立于不败之地，一定会有其独特的服饰语言的艺术味道，产品蕴含的文化、独特的风格和个性的流行元素。

　　本节主要探讨各历史阶段对现代设计有深刻影响的艺术思潮、艺术流派、代表人物及时装设计之间的关联。因为，每位艺术大师所代表的艺术流派对每个时代的文化、艺术、建筑、绘画、设计都产生了深刻的影响。

一、构成艺术与设计

（一）包豪斯（Bauhuas）

　　构成是现代设计或现实主义设计的方法论，这种方法论是从一个被称为包豪斯的"现代设计摇篮"里诞生。包豪斯是1919年在德国魏玛建立的世界上第一所设计教育学院，它的成立标志着现代设计的开始，现代设计史上，包豪斯的构成理论及其教育体系具有特殊的划时代意义，对世界现代设计的发展产生了深远而重要的影响。

　　包豪斯创始人是著名建筑家瓦尔特·格罗皮乌斯，在教育和设计领域探索艺术与技术的统一，致力于美术和工业化社会之间的调和，强调实用、技术、经济和现代美学思想。在构成理念下的建筑设计处于学术前沿的领先地位，广泛地影响到其他的艺术设计，如工业设计、时装设计、商业设计、室内设计、现代戏剧、现代美术等领域。20世纪30年代以来，美国、日本在建筑设计、工业设计和商业美术设计等领域迅速提升到了国际先进行列，"包豪斯在日本的影响，其实对了解中国现代设计的发展来说非常重要，原因是因为亚洲的现代设计在很大程度上，不是直接通过德国、美国影响亚洲地区的，而是通过日本扩散开来的。"❶日本设计师朝仓直巳的三本书：《平面构成》《色彩构成》和《立体构成》，对20世纪80年代中国现代设计教育影响很大，成为中国设计学校很重要的教材和教学参考书。这套教学系统进入中国大陆之后，形成现在设计教育"构成体系"中的"三大构成"和图式语言。

（二）构成（Constitute）与时装

构成活动具有主观与客观、再现与表现、精神与物质双重特点，在设计中利用构成原理，探索以点、线、面作为形态元素构成的具有视觉化和力学观念的形态。在时装设计中，利用构成方法完成"有意味的形式"的服装。构成立体主义追求一种几何形体构成的美，追求形式的排列组合所产生的美感，或追求解析重新组合的形式形成的画面。物体的各个角度交错叠放造成了许多的垂直与平行的线条，背景与画面主题交互穿插，在立体画面中创造出一个二维空间的绘画特色（图5-66）。

设计审美倾向和审美意识在特定的时代和社会文化背景下形成一种观念，影响人的生活、设计或行为。在构成主义、表现主义、立体派和风格派理论的影响下，作为文化形态的服饰，设计师与艺术家之间艺术观念上的沟通交流，其艺术影响与创作方法的共通性是显而易见的。艺术思潮下形成的风格被广泛运用到实用的设计领域：服装设计、装饰设计、建筑设计和平面设计等，以打破正统常规的设计原则和形式，重组设计元素，表现出崭新的空间和崭新的形式美感。在抽象概念和风格派理论的影响下，时装设计受立体构成影响会以突破正统常规的构思原则和形式，表现出新的空间美感和形式美感，从新的视野去审视和挖掘时装语言形式，如多层领子的表现，多件材料叠合拼接、几何重复，在体块重新组合中得到新的视觉震撼和创意（图5-67）。

图5-66　立体主义构成作品和立体时装构成　　　　图5-67　立体主义风格时装造型

二、超现实艺术与时装

超现实主义（Surreal Art）是现代西方艺术流派之一，20世纪20年代盛行于南欧

❶ 包豪斯网《包豪斯与日本现代设计》,王爱之,2013-10-24.

法国，在视觉艺术领域中影响深远。代表艺术家主要有萨尔瓦多·达利、马格里特等，以精致入微的细部写实描绘见长，但表现的却是违反自然结构的事物和梦幻般的环境，被称为自然主义的超现实主义画派。超现实探索人的潜意识心理的无理性，突破以逻辑和有序经验记忆为基础的现实形象，运用艺术的超现实手法，展现一种超然的真实情景，如达利的油画作品《记忆的永恒》，画中可以看到一个完全违反自然组织与结构的生活环境，把现实与梦境、幻觉相结合，把具体的细节描绘与夸张、变形等象征手法相结合，创造出一种既现实又臆想、既具象又抽象的"超现实境界"的奇异独特梦幻般的艺术语言（图5-68）。达利这幅画通过离奇的形象和细节，创造一种引起幻觉的真实感，令我们看到一个在现实生活中根本看不到的有趣景象。超现实主义以其充满幻想色彩的奇特风格，对20世纪20~30年代美学产生了重要影响，至今仍对超现实作品产生深远影响。

图5-68　达利《记忆的永恒》和现代超现实境界的作品

时装与超现实主义艺术虽有相通之处，但其本身有异于超现实主义艺术。超现实主义风格时装借用的是离奇有趣的概念，以不可思议的怪异造型，传递人类心灵深处潜意识中的梦想，表现现实中人类矛盾的内心冲突，设计师创作的时装风格具有反传统的激情，给人们带来耳目一新的审美感受。时装的超现实性样式的出现主要是作为创意、图解艺术的时装，迎合了时装商业的需要，通过广告、报刊、美术和摄影，使得超现实主义精神广为流传，超现实主义风格的时装设计师有加勒斯·普（Gareth Pugh）、维果·罗夫（Viktor & Rolf）、亚历山大·麦昆（Alexander Mc Queen）等（图5-69~图5-71）。

三、未来艺术与时装

未来主义（Art of the Future）是发端于20世纪初期的艺术思潮，汽车、飞机、工业化的城镇、机械文明，这些象征着人类依靠技术的进步征服了自然的元素，至今仍

图5-69 加勒斯·普时装作品

图5-70 维果·罗夫时装作品

图5-71 亚历山大·麦昆时装作品

然在未来主义者眼中充满魅力，是西方文化的重要组成部分，代表人物菲利波·托马索·马里内蒂等。未来主义绘画源于立体主义，在立体主义多视点的基础上加上了表现速度和时间的因素。未来主义建筑，主张用机械的结构与新材料来代替传统的建筑材料，而城市规划以人口集中与快速交通相辅相成，建立一种包括地下铁路、滑动人行道和立体交叉道路网的"未来城市"计划（图5-72）。未来主义对年轻、速度、力量和技术的偏爱在很多现代电影和其他文化模式中都有体现，对网络化的现代社会也产生了影响，所谓"赛博朋克"就是在未来主义的影响下出现的，以及数字朋克、电脑朋客、网络朋客等。

图5-72　未来主义艺术建筑作品

服装设计受到未来主义风格的影响，不仅仅是20世纪60年代"宇宙风格"概念和样式，而是呈现出新技术、新科技、新材料下新的面貌。在"第三次工业革命"中世界已进入数字化和大数据时代，利用新技术和电脑3D打印来进行设计。在Iris van Herpen系列设计的时装造型上，未来感早已超出现实的范围，采用千层透明硬纱，其科技材料的质感存在于幻象或是科幻之中，在不同的方向上不断重叠，用聚酯薄膜进行激光切割和热黏合产生延时运动的效果，辅以夸张的造型，前卫且充满创意，具有强烈视觉冲击力。未来主义风格的特色就在于前卫，安德烈·库雷热（Andre Courreges）、皮尔·卡丹（Pierre Cardin）、帕克·拉邦纳（Paco Rabanne）可以说是时装界"未来主义"的鼻祖。罗兰·巴特（Roland Barthes）这样评价：香奈尔"持久"，库雷热"流行"；香奈尔"典雅"，库雷热"时髦"；香奈尔"传统"，库雷热"创新"。如头盔般的沙宣头、闪烁着金属光泽的面料、透明塑胶PVC、贴身的皮革等都是20世纪60年代未来主义的标志（图5-73、图5-74）。

图5-73　库雷热时装作品❶　　　　　图5-74　现代未来主义风格时装设计

❶ 拉邦纳1966年推出"不可穿系列"实验性衣服，全部用圆形或方形的塑料片和金属片制成，在当时引起极大轰动。

四、波普艺术与服饰

波普艺术（Popular Art）也称流行艺术。源自20世纪50年代初期的英国，50年代中期鼎盛于美国，是继现代主义艺术流派的一种"大众化的、趣味性的、商品化的（主要源于商业美术）、通俗性的、流行性的"形式的艺术风格，代表人物安迪·沃霍尔被誉为20世纪艺术界最有名的人物之一。沃霍尔是视觉艺术运动波普艺术开创者之一，波普艺术的特点是探讨通俗文化与艺术之间关联的现代艺术运动，是较底层艺术市场的前身，从某种程度上也是一些讽刺市侩贪婪本性的延伸。他们将大众文化的一些细节，如连环画、快餐及印有商标的包装进行放大复制，从画面一排排地重复排列基本元素，简单整齐单调地一个个复制元素，反映出现代商业化社会中人们试图推翻抽象艺术并转向符号、商标等具象的大众文化主题形式。波普艺术代替了抽象表现主义而成为主流的前卫艺术，还有女性波普代表草间弥生、日本新波普艺术的代表人物村上隆，他的作品不同于美国式波普艺术那样仅仅停留在架上艺术品中。村上隆表现的内容来源于大众流行文化同时，也作用于商品文化，其艺术形象与奢侈品牌结合的衍生产品在一定程度上影响了艺术的日常生活化（图5-75）。

图5-75　波普艺术沃霍尔作品、草间弥生作品、村上隆作品

20世纪60年代后期，波普艺术将商业艺术和近现代艺术联合在一起的这样一种流行的表达形式及这类艺术风格影响到服装中，体现在服装的面料与图案的应用上，使服装一改过去古典程式化的纹样，这种纹样直到现代人们还念念不忘，始终是流行而又时尚的装饰形式。波普艺术图案在服饰设计上表现有四个特点：图案元素的复制重组、图案符号的趣味拼贴、用色艳丽多彩以及人物题材图像的充分运用。代表时装设计师有范思哲、普拉达等（图5-76）。

图5-76　波普艺术风格的包和时装设计

149

五、欧普艺术与服饰

欧普艺术（OP Art）又称光效应艺术，是利用人眼产生错觉绘制而成的作品，是继波普艺术之后出现的一种新的风格流派。源自20世纪60年代欧美，代表人物有法国画家维克托·瓦萨雷里。1965年，欧普（Optical）这一名称首次出现在纽约现代美术馆"眼睛的反应"主题展览会上，作品经过精心设计，按一定规律排列成波纹或几何形绘画，令视觉产生错视效果或使空间变形，形成有波动和变化之感的幻觉。艺术家以此来探索视觉艺术与知觉心理之间的关系，试图证明用严谨的科学设计也能激活视觉神经，通过视觉作用唤起并组合成视觉形象，即使仅使用黑白的几何抽象图形，也可达到与传统绘画同样动人的艺术体验，从瓦萨雷里的作品中可以感受到这种科学与艺术的合作关系。一个巨大的棋盘被方形线条的弯曲干扰了规则性，图像表面形成凹凸状的视觉，呈现出动态维度的收缩和扩张、移动和起伏的效果（图5-77）。

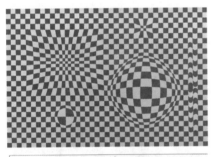

图5-77　欧普艺术瓦萨雷里作品

欧普艺术掀起了一阵风靡设计界和时尚界的浪潮，广泛渗透于建筑装饰、广告包装、娱乐玩具、橱窗布置、纺织品设计和时装设计上。在欧普艺术思潮影响下的服装是将面料图案的设计按照一定的规律形成视觉上的动感，将几何形进行大量的重复和规律性运用，向边缘或向内部发射渐变，体现出视错觉，将产生的韵律节奏理解为一种空间的秩序和规律性。创造线性的结构线条，或呈现放射性线，或交叉不同宽窄的黑白条纹产生视错觉，有其饱满立体的视觉效果，条纹随着人体的移动产生动感，具有虚幻与现实的美感特性，代表时装设计师有迪奥、Michael、Marc Jacobs等，以变幻无穷的视觉印象，以强烈的刺激性和新奇感吸引着人的眼球（图5-78）。

图5-78　欧普艺术风格时装设计

六、简约艺术与时装

简约主义（Simple Art）源于20世纪初期的西方现代主义，兴起于瑞典，代表人物是欧洲现代主义建筑大师密斯·凡·德·罗，简约主义的核心思想是以简约精深为美的艺术。简约主义的前身是减少主义，其特点是按照"减少、减少、再减少"的原则进行艺术创作。这种风格在设计领域得到了广泛的发展，工业设计师雷蒙德·罗维，将简洁的流线造型与现代主义融合"由功用与简约彰显美丽"，带动了工业设计中流线型运动。简约风格特色是将设计元素、原材料简化到最少的程度，但对色彩、材料的质感要求却是很高的。简约的空间看上去非常含蓄，能达到以少胜多、以简胜繁的效果（图5-79）。

极简主义并不局限于艺术或设计，它实际上是一种哲学思想的价值观以及一种生活方式的主张。在时尚生活中，以"越少越好"的审美理念设计简约风格的服装，不是"把一切白的和简单的东西都叫作极简主义"。"一切设计都是建筑设计，即便设计刀叉也是建筑设计。"说明了简洁的真谛，所有的极简都必须建立在大量琐碎、繁复、细致的工作基础之上。极简主义在审美上具有现代工业文明的烙印，又深受包豪斯的影响，具有现代的构成美感。因此，点、线、面在结构中的应用显得尤为重要（图5-80）。

图5-79 简约主义建筑——波森作品

图5-80 简约外观的马甲

七、解构艺术与时装

解构艺术（Deconstruction Art）是从结构主义演化而来的一种现代设计方法。20世纪60年代起源于法国，代表人物雅克·德里达提出"解构主义"理论，运用现代主义的语汇，颠倒和重构各种既有的语汇之间的关系，从逻辑上否定传统的基本设计原则

（美学、力学、功能），由此产生新的意义。解构在建筑艺术设计上是赋予建筑整体破碎化的分解，是对建筑外观的处理，是建筑元素之间关系的变形与移位，譬如楼层和墙壁、结构和外廓用分解的观念叠加重组，重视用个体部件本身去创造出一种不确定感、不安定且富有运动感的形态倾向。实际上，经解构主义设计精心处理的相互分离的局部与局部之间，往往存在着内在联系和严密的整体关系，并非是无序的杂乱拼合，因而看上去也更加独特（图5-81）。

解构主义风格在服装设计中得到广泛的运用，服装设计师对传统设计给予打散、破坏、叠加、重构，将服装的部件打散后重构，营造新的视觉构成。设计样式的整体形式多表现不规则、不对称、几何形状的拼合，或者造成视觉上的复杂、丰富、层次感、错乱或凌乱的美感等，看上去也个性而独特。日本三宅一生、山本耀司、川久保玲等东方解构大师代表了解构主义的最高水准（图5-82）。

图5-81　解构主义艺术建筑　　　　　　图5-82　解构风格时装

八、后现代艺术与时装

后现代艺术（Post Modern Art）是于20世纪70年代流行于西方的艺术思潮，代表人物美国建筑师罗伯特·斯特恩、迈克尔·格里夫斯等。后现代思潮利用传统又改造传统，以"戏谑的古典主义"为特征，表现出对现代性设计的反思和批判式超越求新。格里夫斯是后现代主义重要的建筑大师之一，建筑作品是在现代主义的基础上加上部分装饰的符号，特别是由少数历史的、古典主义的装饰符号结合而成。建筑的表现手法主要有游戏诙谐、隐喻性、象征性的特点，多用古典建筑因素和通俗文化来赋予现代建筑以审美性和娱乐性（图5-83）。

服装后现代主义受大众艺术的影响，成为激进、前卫、新奇、混搭的代名词。因为，时装介于艺术与通俗之间，虽然时装设计师以艺术方式进行设计创作，但服装被消费的存在方式就决定了服装具有很大的通俗的成分，所以服装不仅仅是设计师的艺术，而且是穿着者的艺术。而且，在后现代主义服装观念中通俗成分占据了主导地位。后现代服装就是对现代性设计的反思和批判，是进入新时代的现代性观念，从服装材料肌理、色彩搭配、款式的多样化可以看到后现代符号语言是一个开放的结构，时装样式打破平衡，是对碎片状、不对称、不连续的展示，是游戏的，是戏谑的，风格美的认同在后现代变得十分宽泛。在服装界，创造出一种集感性与理性、传统与现代、大众与行家于一体的所谓"亦此亦彼"的前卫形象，把古典元素以新的手法组合在一起，采用非传统的混合、叠加、错位、裂变、风趣、诙谐等解构反讽的方式手段传达后现代风格的时装样式，使得后现代一词已难以用某风格或某流派来定义了。这是后现代主义"中心的消失"和由此产生的不确定性所导致的。以传统主流观念看来，后现代主义时装是另类时装，它充满了离经叛道的色彩。正因为如此，后现代就有了激活艺术生命力的存在价值，代表时装设计师有薇薇安·维斯特伍德（Vivienne Westwood）、亚历山大·麦昆（Alexander McQueen）、弗兰科·莫斯基诺（Franco Moschino）等。Moschino潮牌是现代时尚圈内代表作最多的一个品牌，有那些带着后现代跨界的粉色情怀、黑色幽默、白色怪诞、破洞意味的服饰设计（图5-84、图5-85）。

图5-83　后现代主义建筑

图5-84　后现代风格的服装

图5-85　弗兰科·莫斯基诺作品

在分析了时装的社会性与现代艺术思潮的关联性，我们明白服装不仅仅是裁裁剪剪的产品，时装是艺术的，也是生活的；时装是造型艺术，也是手工技术；时装以纺织科技为基础，也以历史文化为载体，时装与艺术不会断裂。现代时装设计在各类艺术思潮与艺术流派的影响下不断创新风格，个性化设计成为各类时装的主要趋势，因此多元化风格、混搭风格服装不断推陈出新，就是在理解利用不同现代设计理念同时，倡导创新的现代设计方式。

第五节　20世纪西方有影响力的时装设计师

一、时装的诞生

正如第三章讲述的巴黎是世界时装的中心，是现代服装的发源地。巴黎就像神秘的时髦女神那样左右着人们的衣着打扮，指导人们该穿什么，几乎所有文明国度的女性无不虔诚地听命巴黎。巴黎时装业正如路易十四的财政部长夸口的那样："法国的服装业等于西班牙的金矿"。巴黎有时装繁荣的良好土壤气候和人文环境，这个历史形成的时装之都无疑与路易十四的奢华分不开，也同法兰西皇后们的时尚嗜好分不开。巴黎曾经对时装界的影响无可置疑，现在对全球范围来说，对时尚有影响力的城市还有诸如意大利米兰、美国纽约、德国慕尼黑、英国伦敦、中国北京、中国香港等。这些地区在时尚潮流预测、色彩流行趋势的发布中有着不可低估的影响力，因为世界范围内，一个设计师统领一百年的时代已经不复存在，而是多元化多风格并存，不同风格的设计师并存，并同时流行于市井。

二、近代全球服装设计大师

主要介绍1910年至1949年间，在世界范围内时装界有影响力的设计师。

（一）时装之父——沃斯（Charles Frederick Worth）

沃斯开创了巴黎的高级时装业，是世界服装史中无可争辩的时装设计家，被誉为时装之父，谈时装不得不从他开始诉说。沃斯出生于英格兰东海岸的林肯郡，最初沃斯在十一岁时当了一名印刷工，后到伦敦在一个布店学经营衣料生意。在布料商店沃斯学到了大量纺织品知识和经验，积累了对织物的手感和性能的第一手资料。七年的店员生涯对他日后的设计具有重要的影响，在以后的设计中，他总是将衣料的材质作为出发点，在美术馆流连于历代艺术大师精湛的作品，研究各式各样优美服饰。20岁时，沃斯来到世界时装中心——巴黎，在巴黎纺织界最负盛名的盖奇林店工作，经销高级丝绸及开司米成衣，负责各种衣料、披肩、斗篷的买卖。1851年，在闻名世界的伦敦"水晶宫"博览会上，沃斯为盖奇林公司设计的服装崭露头角获得大奖。1855年，他设计的一款新礼服再度荣获金牌，沃斯成功了。1858年沃斯和瑞典衣料商奥托·博贝夫合伙，在巴黎的和平大街开设了"沃斯与博贝夫"时装店，这种自己设计并进行营业销售的模式是历史的首创。年轻的沃斯在服装设计上，改变了当时笨拙的、硕大的洛可可风女裙造型，将造型线变成前平后耸的优雅样式，掀起了一场优雅的"沃斯时代"风潮。从此，服装设计摆脱了宫廷沙龙，也跨出乡间裁缝手工艺的局限，成为一门独特艺术。沃斯在时装界另一项首创，是认为：服装静态展示是无法体现设计师全部想象的。他雇用了时装模特儿在店铺里穿着他设计的新式样来回走动，促进消费者购买，成为时装表演的始祖（图5-86）。

（二）斜裁师祖——马德琳·维奥尼

维奥尼是法国设计师，是叱咤于20世纪20年代的风云人物，是斜裁法的发明者。1912年，维奥尼在巴黎波里街222号有了自己的时装店。1920年，她以斜裁法设计的服装问世，为此翻开了世界服装史新的一页。所谓斜裁就是将面料斜过来使裁剪的中心线与布料的经纱呈45度夹角，这样裁出来的衣服有着极佳的悬垂感，同时面料的光泽也发生了微妙的变化，尤其是柔软的丝质面料斜裁的长裙更显得飘逸贴体，不仅突出了身体的曲线，还会显得十分性感。斜裁是服装史上的一次重大革命。维奥尼一直用"人体模型"来设计衣服，在小模型上反复实验琢磨服装动态造型，发现面料的特点寻求服装的最佳效果。运用这种方法，准确地取得"立体草图"，然后用昂贵的面料放大到真人尺寸。用斜裁方法建立了人与服装的一种新关系，无论在形态和艺术效果上，衣服与人体都达到了自然和谐的状态。她的斜裁法设计的露背式晚装，是西方礼服史上的一大创举。在维奥尼的服装中，我们常能看到古希腊、中世纪以及东方袍服的影子，她善于将各种元素融合在一起，利用面料的斜向垂坠感和弹性，创造出流畅、华美、优雅、性感的线条（图5-87）。

图5-86　沃斯与时装　　　　　　　图5-87　维奥尼与时装

（三）时装女皇——夏奈尔（CoCo Chanel）

夏奈尔法国设计师，是20世纪30年代的风云人物，被誉为巴黎时装"女皇"。20岁时自己设计制作女帽与朋友开设了一家女帽店，之后在巴黎康堡街31号创建了一家时装沙龙，至今仍是夏奈尔时装中心。1920年，夏奈尔用男人的套头衫和水手装为灵感设计出女性水兵服套头上衣，轰动了巴黎。时装店与夏奈尔成为女士心中的偶像，成为巴黎当年闻名遐迩的高级服装店榜首。1929年，夏奈尔5号香水成为当时世界销量最大的香水直至现在；20世纪70年代开创了"夏奈尔风格"套装一直流行到今天。夏奈尔对流行时尚具有非凡的洞察力和敏锐的捕捉力，从生活瞬间捕捉服装形影，汲取创新式样的"灵感"。1971年2月夏奈尔逝世，但是夏奈尔的名字仍然是时装界中响亮的品牌象征。设计师们仍然继续着她的梦想，在巴黎顶尖时尚领域创造辉煌。夏奈尔是历经80多年的著名品牌，不仅有服装、香水，还有各类饰品、化妆品、皮件、手表、珠宝、太阳眼镜和鞋各类配件，在Chanel服装的扣子或皮件的扣环上，可以很容易地发现双C交叠的标志，这更是品牌的"精神象征"。夏奈尔从一贫如洗的孤儿一跃成为时装界女王，永久性地创造了妇女时尚的新纪元（图5-88）。

图5-88　夏奈尔与时装

（四）时装里的艺术大师——夏帕瑞丽（Elsa Schiaparelli）

法国设计师夏帕瑞丽，是20世纪30年代巴黎时装界里的另一位名人。她具有艺术家修养和意大利人的热情，为当时高级时装界盛行的功能主义注入了一股清新艺术魅力。设计师的特点在于用色的独特，犹如野兽派画家强烈鲜艳的色彩，她的创造力和想象力得益于她青年时期的艺术训练和周游各地的旅行生活，北非土族人的色彩、美洲暴发户的狂放、巴尔干人的大贴袋、东方原始味印花布等用于时装、夹克等，许多装饰性细部运用都出乎意外叫人耳目一新。她的服装设计如同建筑雕塑般具有"空间感"和"立体感"；而她色彩的感受又像一位现代画家；有独特眼光参与面料制造，尤其是对印花花样的设计别出心裁。夏帕瑞丽还是第一个将拉链用到时装上的人，尽管拉链已问世多年，但早期拉链的粗糙和笨拙，被认为是"大兵"们用的东西。当夏帕瑞丽装有拉链的时装和沙滩装首次问世时使人惊叹不已，报界称"闪电般地扣完了所有衣裳"，拉链对贵妇淑女由陌生新奇到接受，她创造了富有艺术趣味的服装，创造出优美曲线造型的女装给那个时代带来朝气、俏皮服饰，她的设计思想为服装史留下了难忘的一页（图5-89）。

图5-89　夏帕瑞丽与时装

（五）时装界的精神领袖——克里斯蒂恩·迪奥（Christian Dior）

迪奥是20世纪40年代最重要的时装设计大师，1947年第一个时装系列"新造型"（New Look）获得成功震撼了巴黎和整个欧美，成为40年代最轰动的时装改革人物。迪奥领导潮流继"新造型"之后，每年都创作出新的系列，其中大多数都是对优美曲线的发展，譬如：1948年秋推出"锯齿造型"；1950年"垂直造型"和"倾斜造型"；1951年"自然形"和"长线条"；1952年"波纹曲线型"和"黑影造型"；1953年"郁金香造型"，系列设计中其基本造型线都是由"新造型"演化出来，自然肩形和纤细的腰身是造型的主要特点，著名的"郁金香造型线"运用花瓣饱满曲线围绕胸、肩、背、腹，使身体"像充了气体"那样富有弹性。1954年，迪奥发表了一组更为年轻的造型"H形线"，腰部不再受到约束，美国《哈泼市场》杂志称："H形线"是"比'新造型'更重要的发展，时装界声称又一种新的女性诞生了。"1955年春，迪奥发布了"A形线"造型，收小肩，放裙摆，形成与埃菲尔铁塔相似的"A"字形轮廓，即从细腰宽臀到松腰的几何形造型。同年秋，又发表"Y形线"；1957年，以"自由形"和"纺锤形"系列，在造型上已经完全不同于新造型的外部轮廓了。迪奥的设计重要一点是他对服装造型线（即外轮廓线）的把握，无论是"新造型"，还是"A形线"都是从整体入手的，也是代表20世纪50年代的潮流之力作，始终保持典雅女性美，这种风格一直影响着他的继承者和追随者。

迪奥的成功之作"新造型"正是早年母亲的装束给他留下的美好印象与回忆。第二次世界大战后，妇女穿着单调，军装化的平肩裙装带着严峻的战争痕迹，迪奥将这

种呆板形式变为曲线造型，强调了丰满的胸、纤细的腰和圆凸的臀，以细腰大裙为重点的新造型，突出和强调了女性的柔美，让妇女重新焕发女性魅力。热烈的接受也反映出当时人对和平对美的梦想，"新造型"成为当时时代的象征。从那以后每一次迪奥时装发布都会成为流行趋势，哪怕只是些微妙的变化也会引起西方社会的骚动。迪奥成为第二次世界大战后时装界的精神领袖，整个世界都注视着迪奥。迪奥公司成为巨大的跨国性商业公司，经营包括迪奥商标的珠宝首饰、围巾、领带、皮毛、丝袜、化妆品和迪奥–迪尔曼牌的鞋子，他似乎主宰着巴黎的时尚，他的声誉达到了顶峰（图5-90）。

图5-90　迪奥与时装

三、现代全球服装设计大师

这里主要介绍1950年至1980年在世界范围内时装界有影响力的设计师。

（一）蝴蝶夫人——森英惠（Hanae Mori）

森英惠1926年出生于日本岛根县，日本设计师。毕业于东京女子大学的国语系，当她开始学习服装的时候，已经是两个孩子的母亲。1951年在新宿开办了自己的"HYOSIHA"服装店，开始了服装的职业生涯。这以后的很长时间她涉足电影界，为演员们设计服装，八年间她设计制作的影视戏服约七百套，电影明星纷纷到"HYOSIHA"定制服装，她的服装店因此名声大振。1965年森英惠在纽约首次作品发布会，获得了成功。森英惠喜欢将各种颜色和造型的蝴蝶运用到服装中，"有时候我觉得时装就似一只蝴蝶，短暂却辉煌，对未来满怀期望。"裙裾翻飞起舞，蝴蝶闻风而动，蝴蝶是森英惠的标志，服装界称她为"蝴蝶夫人"。1977年，森英惠成为巴黎高级时装设计师协会中的第一个日本人。她在设计细节上采用西方的装饰手法，但在趣味上则保持了雅致的东方格调，善于运用日本特殊结构的面料来表达对服装的细腻感受，以别出心裁的超大花卉和抽象鸟兽、蝴蝶等图案设计时装，既吸收了欧化的不对称剪裁，又以宽袍大袖展现了东方女性特有的柔美飘逸，把质地优良的面料与适体的裁剪结合起来，将戏剧性的元素运用到晚礼服上是她设计独到之处（图5-91）。

图5-91　森英惠与时装

（二）高级成衣的时尚设计大师——卡尔·拉格斐（Karl Lagerfeld）

卡尔·拉格斐1933年出生于德国汉堡市，德国著名服装设计师。1954年他的时装设计就入选了国际羊毛局举办的设计竞赛，获得外衣部第一名。1955年，成为皮尔·巴尔曼的助手；三年后受聘担任让·帕杜公司的艺术指导。卡尔·拉格斐专注于品牌成衣设计，为法国名牌克洛伊（Chloe）和意大利品牌芬迪（FENDI）担任设计师，1965年成为芬迪首席设计师，设计"皮草盛典"系列服装中，展现出一种极其旖旎的女性化经典形象，人们称他"时装界的恺撒大帝"或"老佛爷"。从涉足高级时装的量身定制到高级成衣的批量生产，20世纪后期的"工业复制"，为普罗大众实现遥不可及的时装梦想带来了可能，被传媒封为"当代文艺复兴的代表"（图5-92）。

卡尔·拉格斐曾与许多时尚、艺术品牌合作，并自创同名时装品牌KARL LAGERFELD，卡尔的设计个性的体现古典风范与街头情趣结合起来的创新样式。他每年为夏奈尔制作8个系列的服装，包括成衣和高级时装；为芬迪制作5个系列，同时还为他自己的品牌做设计，他这种超强的能力令他在时尚界独步天下。1983年，在外界普遍不看好的情况下，成为夏奈尔的设计师，成功使品牌复活，令夏奈尔成为世界上

图5-92　卡尔·拉格斐与时装

最赚钱的时装品牌之一，也正式开始了自己漫长又传奇般的职业生涯。对于老佛爷来说设计就是呼吸，"所以如果我不能呼吸，我就有麻烦了。"卡尔·拉格斐成为夏奈尔的第二个灵魂人物，以他自己的方式忠实地延续着夏奈尔的风格。

（三）时装界的帝王——伊夫·圣·洛朗（Yves Saint Laurent）

伊夫·圣·洛朗1936年出生于北非的阿尔及利亚，法国设计师，YSL品牌创始人。从小喜欢搭配服装，高中毕业之后便赴法学习服装设计。19岁时被迪奥公司聘为设计师，才华出众的设计使公司成衣有1/3是出自圣·洛朗之手。1957年，圣·洛朗根据迪奥的理念，利用A型线条设计出装饰有蝴蝶结的及膝时装一炮而红，被誉为克里斯汀·迪奥二世。20世纪60年代，圣·洛朗第一次举行自己的发布会，获得成功，巴黎报纸将他誉为与纪梵希、巴兰夏加齐名的设计师，是位重视品质的设计师，只要产品打上YSL字样都是品质的保证与象征。他设计的新潮成衣服装，包括著名的长裤装、非洲探险风格的英式上衣、半透明的套装，以男式无尾晚礼服为原型设计的裤装女式晚礼服，男装女穿的成功改造令人们大开眼界，一时成为女性的新宠。1983年纽约的大都会艺术博物馆首开纪录，伊夫·圣·洛朗作为世界上第一位在世的时装设计师，在那里举行了他的回顾展。1985年，他携作品来中国举办25年回顾展（图5-93）。

图5-93　伊夫·圣·洛朗与时装

（四）时装界的先锋人物——皮尔·卡丹（Pierre Cardin）

卡丹1922年出生于意大利水城威尼斯近郊，自幼家庭贫苦，在巴黎服装店当学徒，他"喜欢把一件衣服从头做到尾，从画图、剪裁、缝合、试样，直到销售。"卡丹先后在巴黎一些著名时装店工作，后受到迪奥赏识成为Dior的主要设计师之一。1949年，卡丹准备自己创业；1950年买下一家即将倒闭的时装店，开始了自己的事业。同年他举办了首次展示会，引起了时装界的轰动，因此而成名。他汲取各种有益于专业的知识，与法国现代派作家、画家等人交流形成的美学思想，转化为制作"高尚、大方、优雅的服装技艺"。卡丹说："我设计我所欣赏的服装，它们是属于明日世界里的服饰。"1957年推出布袋装；1960年发表了太空装、气泡装、迷你装、不规则下摆裙装等，大胆地突破传统又保留着传统合理的美质，视为服装设计的革命。1978年以来，他多次访问中国，受中国建筑物上"飞檐"启发，设计了肩部耸起的男女时装，经过顺应、转移、融合，把"飞檐"的美转移为时装的肩部美，融汇着现代与传统的双重美质，对中华文化由抽象到具体得到了进一步理解。如今Pierre Cardin的专卖店遍布全世界，其产品包括男装、女装、皮包、皮具，甚至是电器、食品等。皮尔·卡丹成为长盛不衰的法国时装"先锋派"代表人物，被誉为是最富有创造力、最灵敏的前卫设计师（图5-94）。

图5-94　皮尔·卡丹与时装

（五）异域风情的设计师——高田贤三（Kenzo）

高田贤三1939年出生于日本京都兵库县，著名日本时装设计师。毕业于日本文化服装学院，Kenzo品牌的创始人。1965年，高田贤三从马塞来到巴黎，起初向*ELLE*杂志投稿被选中草图设计成衣。1970年，已经小有名气的高田贤三在巴黎维维安展厅开设了第一家专卖店，将店铺的名字定为"日本丛林"（Jungle Jap），服装从一开始就与大街上流行的服装大相径庭，高田贤三走上了个性化设计，作品被*ELLE*杂志搬上了

封面，成功的大门就此打开。KENZO是由高田贤三在法国创立的品牌，结合了东方文化的沉稳意境、拉丁民族的热情活泼，大胆创新地融合了缤纷色彩与花朵乡土印花布，和服的造型，日本式直线剪裁法，大量地使用棉布，高纯度的原色搭配使服装产生一种视觉上的熏醉感，时装里透有一种让法国人无法拒绝的嬉皮色彩，形成了宽松舒适嬉皮味的时装。这种充满异域风情且无拘无束的服装倾向，色彩里又始终交织在浓郁的东方风情里，被注入中国、印度及非洲、南美等其他国家和地区不同民族的服饰精髓，刚好满足了20世纪70年代年轻人经常外出旅行的着装需要（图5-95）。

图5-95　高田贤三与时装

四、当代全球服装设计大师

主要介绍1980年以后至今在世界范围内时装界有影响力的设计师。

（一）时装界的商业巨人——乔治·阿玛尼（Giorgio Armani）

乔治·阿玛尼1934年出生于意大利，毕业于米兰理工大学，著名意大利时装设计师，Armani品牌公司创始人。他学习过医药、摄影，医学院毕业后应征入伍，受到部队生活的严格训导，退役后在米兰一家最大的百货商店承受实际锻炼，培养了他质朴淳厚的审美、自主意识与自制能力。他做过橱窗设计、服装面料采购之类的工作，后进入著名的塞路蒂（Nino Cerutti）男装公司做设计师，这份工作的真正意义在于帮助阿玛尼完成了对定制服装生产工序的了解面料在时装中的巨大价值。1975年，创立乔治·阿玛尼公司准备了20年的一场个人发布会获得成功，意大利时尚评论安娜·平姬估计，他第一次发布会设计的服装便创造了大约60000英镑的利润，公司在第二年宣告成立。阿玛尼早期最重要的时装革新是对传统箱形男上衣的重构，他去掉衬里、移动了纽扣的位置、改变了袖窿的曲线，使用更加轻柔的面料与全新的悬垂手法加以制作，使之穿起来更加舒适、随意和性感。乔治·阿玛尼设计的作品优雅含蓄，大方简洁，做工考究，集中代表了意大利的时尚风格，是打破阳刚与阴柔的界线，引领时尚迈向中性风格的设计师之一。在时装界，阿玛尼是一个完美主义的身体力行者，对专业上的苛刻使他在米兰举行的表演剧场被戏称为"阿玛尼的教堂"，他的名字一直与优雅、简洁、含蓄这样的词汇连在一起。

Giorgio Armani 已成为时装界最响亮的意大利品牌之一。从1984年创立的低价位品牌安波罗·阿玛尼和便装 A/X 阿玛尼到专门的高尔夫系列，他的鹰形商标不仅出现在男装、女装上，也出现在童装、牛仔装、滑雪服、内衣、太阳镜、珠宝、手表、香水甚至鞋袜上。如今在33个国家拥有53家 Giorgio Armani 店、6个 Le Collezioni 店、129家 Empoeio Armani 店、48家 A/X Armanil Exchang 专卖店、4家 Armani 牛仔专卖店和两家 Armani Junior 店。20世纪80年代，阿玛尼名字成为考究和休闲的代名词，他缓和了男装的保守与刻板，同时又加固了女装的结构，使男装和女装在裁剪工艺上达到某种共通，并顺利演绎20世纪末的女装男性化、男装女性化的风格。品牌女装克制而性感，阴柔但有力度。英国版《时尚》（*Vogue*）杂志赞誉："阿玛尼的理念是和谐的理念，是一种风格、色彩与面料的平衡，一种氛围上的和谐。"（图5-96）。

图5-96　乔治·阿玛尼与时装

（二）服装创造家——三宅一生（Issey Miyake）

背景知识：回顾20世纪50年代的日本服装，我们将发现许多与中国相似的现象：

那时的妈妈们穿的是和服，年轻一代穿着法国的"新外观"，更年轻的人们则完全是美式装束。这一切像极了中国的旗袍马褂与西服洋装并行的时代，当那些新的服饰浪潮通过电影、杂志、图片等先于服装本身到达东京，日本人同样感受到了西方文化融入过程中的困惑。正是在这时，一批年轻的日本设计师漂洋过海到欧洲，他们当中有森英惠和高田贤三等将巴黎高级时装进行到底，有三宅一生、山本耀司等回到东京重塑新日本风格担纲起本土服装文化新旗手。

三宅一生生于日本广岛，日本设计师，Issey Miyake品牌创始人，被西方人看作是一个伟大的服装创造家。在他的作品中成功地融进了东西方文化的精髓，把古代精神与现代精神融为一体透着强烈的时代气息，使服装设计成为可以和绘画一样具有创造性的艺术活动。1970年，Issey Miyake时装携带着神秘的东方气息及充满幻想的面料来到巴黎后，声望逐渐高涨。服装专家兰索兹·维桑在《服装的关键》一书说："以高田贤三、三宅一生来到巴黎为契机，时装世界出现了新的局面。这位日本人在某些方面采取欧化的做法，同时又创造出了身体与服装之间的新空间。"擅长处理皱褶面料而著称的日本人设计的服装是简便易穿的有一种伸展自如的自由与快乐。"极力地创造着人体与服装之间的活动空间，用东方与西方的技术，并结合西方的精神与东方的结构法，开创了一个布料与身体相对分离的设计思路。"1980年推出"皱褶"面料后，又于20世纪90年代初推出了立体派皱褶系列，面料的压缩弯曲处理使服装呈现出前所未有的"雕塑"形态。不须费心打理的、简便易穿的衣服给人带来了快感，这些呼之欲出的东方元素为西方人带来了新的惊喜并且大方地买单。其设计理念：以人为本，简洁、单纯、易穿、易保养、免烫，极符合人性的要求，也极体现时代的气韵。现代造型的

时装，以日本传统的裁剪方法和服装空间意识为基础，淡淡隐现出东方民族的哲学观念和对自然的态度，流露着东西结合与古今结合的意境神韵及舒畅飘逸的气韵美感，这是一种无拘无束的穿着理念，传递着时代感的生活方式，又无过多的商业气息，设计可以说是前所未有的，但却能让人联想起人类的历史，他的设计具有革命性意义，三宅式服装元素充斥着20世纪后期的时装舞台（图5-97）。

图5-97　三宅一生与时装

（三）时装界的鬼才——约翰·加利亚诺（John Galliano）

加利亚诺1960年出生于西班牙，中央圣马丁艺术与设计学院，英国设计师。从小受到西班牙天主教风格的熏陶，影响了他后来对于巴洛克风格的偏好。移居伦敦在圣马丁艺术与设计学院尝试了绘画和建筑学习，最终选择了时装设计。4年的学习激发了他心底最原始最纯粹的创作渴求和自我梦想。1984年，他从法国大革命中汲取灵感，完成了个人的毕业设计作品发布会"LESIN-CROYABLES"，作品精湛新颖在整个英伦引起了轰动。英国品牌BROWNS在发布会刚结束就将服装买下并在其店铺橱窗内展示。毕业后他在伦敦东部的一个废弃的仓库里开了个人工作室，他的标新立异不仅体现在作品的不规则、多元素、极度视觉化等非主流特色上，更是"独立于商业利益驱动的时装界外的一种艺术的回归，是将时装看作艺术，其次才是商业的设计师之一。"[1] 1988年约翰·加利亚诺被评选为英国最佳设计师，在其后每季度的时装展示会上，他都推陈出新，展现顽童般天马行空的思维。1997年接掌Christian Dior首席设计师，并成功地实现了将Dior品牌年轻化。纵观他历年作品，从早期融合了英式古板和世纪末浪漫的歌剧特点的设计到溢满怀旧情愫的斜裁剪裁技术，从野性十足的重金属皮件中充斥的朋克霸气到断裂褴褛式黑色装束中肆意宣泄的后现代激情，总能真切感觉到穿着这些衣装的躯体不再是单纯的衣架，而是有血有肉的生命在彰显灵魂的异动，他的作品总是在过去和现在之间寻找新平衡点和创新点（图5-98）。

图5-98　约翰·加利亚诺与时装

（四）后现代时装设计师——让·保罗·戈尔捷（Jean Paul Gaultier）

让·保罗·戈尔捷1953年在法国出生，法国设计师。Jean Paul Gaultier品牌创始人，不拘一格，夸张及诙谐，前卫、古典和奇风异俗的混合体，以狂野、荒诞、违反传统规范而著称。从小喜欢时装设计，15岁时就画了一本《高级时髦服装画册》。戈尔捷的超常灵感据说是与他的祖母有关，他的祖母是一个喜欢制作假面具，并经常用纸牌为人算命精通催眠术的女人。她所营造的神秘氛围，对成长中的戈尔捷影响很大。

---

[1] John Galliano2013春夏法国巴黎时装秀. 女装之家 [引用日期 2012-12-29]。

1971年，18岁的戈尔捷受到了皮尔·卡丹的赏识进入时装店工作，之后辗转让·帕特公司和米谢尔高玛公司担任助手，之后开设了自己的时装公司，是一个善于突破传统束缚的后现代服装设计师。相继推出粗犷的超短皮夹克配以芭蕾舞式短裙，内衬长衫的中性化女装系列样式；发布了一组以拉链为主题的时装，具有典型的后现代艺术特征；戈尔捷为歌星麦当娜设计凌厉的锥形胸罩、铠甲般的紧身胸衣塑造了一个时尚前卫性感的形象；为电影《第五元素》里设计戏服，外星人的奇异装扮都堪称独特而富有创想的形象，前卫设计风貌成为科幻片的最佳卖点。戈尔捷的狂野剪裁、实验性结构、经典锥形胸衣、外挂式西装、拼接的腰带礼服、解构式外套、金属铠甲元素、宗教主题、海洋生物主题、无性别服装等对传统样式进行彻底解构，以令人惊异的"先锋派"时装，赢得"可怕的坏孩子"称号，这些服装与当时的潮流毫不相干，却风靡欧洲，他是前卫设计师代表之一（图5-99）。

图5-99　让·保罗·戈尔捷与时装

（五）时装界的"朋克之母"——维维安·韦斯特伍德（Vivienne Westwood）

韦斯特伍德英国时装设计师，出生于1941年英格兰，Vivienne Westwood 品牌的创始人。Vivienne Westwood 创立于20世纪60年代，并在20世纪70年代的朋克风潮中声名鹊起以叛逆的服装风格成名，她是朋克运动的显赫人物也是朋克风格的代表人物。目前品牌在全球共有超过100家门店，其中8家位于中国内地，分别位于上海、北京、长沙和武汉等城市；香港的门店数量为9家。20世纪70年代伦敦第一家专门出售朋克装束的小店使朋克风格成为继嬉皮之后的又一青年运动，也使伦敦的国王路（King Road）成为世界著名的朋克风景线。她创造了为现代部分青年喜爱的服饰，使摇滚具有了典型的外表，撕口子或挖洞的T恤、拉链、色情口号、金属挂链等服装样式一直影响至今，也因此被称为"朋克"之母。

早期的朋克服饰对后来产生的后现代时装风格有重要影响，另类时装设计师把朋克服装的不同变体运用在时装上，给时装界带来很大的震动，也为服饰潮流的发展注入了新的力量。韦斯特伍德奇特的思维模式，通常表现为扭曲的缝线，不对称的剪裁，尚未完工的下摆和不调和的色彩，这种服装就是早期朋克运动的服饰元素。她坚持性感就是时髦，她的衣服从来都是极力地强调胸部和臀部，深而大的领子，臀部故意用很多填塞料垫得高高的，把内衣当外衣穿，甚至把文胸穿在外衣外面，粗糙的面料，缝边开绽等让衣服看起来十分性感，Vivian Westerwood对时装界的贡献可总结为：将地下和街头时尚变成大众流行的风潮（图5-100）。

图5-100　维维安·韦斯特伍德与时装

💡 思考与练习

1. 关于服饰的起源有哪些不同的学说？

2. 原始身体装饰有什么特征？对人类的过去和现在的衣生活行为有什么影响？

3. 中国的丝织物是什么时候出现？主要有哪些丝质产品？各有什么特点？

4. 服装的改革受哪些方面的因素影响？

5. 你喜欢哪位设计师？找出最有代表性的作品，分析其形成原因和设计特点。

6. 探讨中和之美的设计方法，构思一套你认为衣人合一的服饰形象。

7. 分析旗袍的历史成因，以及对现代时装的影响。

8. 解构艺术在当今的借鉴与应用。

9. 举例说明文化思潮的演变对服饰的影响。

10. 找出你喜欢的设计师与作品，分析其代表性作品元素、作品风格，用图片剪贴形式和文字表现出来，并延伸设计师的风格设计一组服饰。

第六章　时装设计方法论

课题名称： 时装设计方法论

课题内容： 1. 解决不同场合与目的着装方案
2. 时装设计原则
3. 时装设计流程

课题时间： 4课时

教学目的： 通过本章学习，使学生明确服装设计受到哪些重要因素的影响和制约，设计必须满足TPO原则以及服装设计的整个过程。

教学方式： 课堂讲授、课堂练习、课堂演示及辅导。

教学要求： 掌握服装设计的TPO原则，从不同的场合环境考虑设计因素的和谐，以及掌握服装设计步骤和方法。

课前（后）准备： 课前可根据知识点预习，课后完成思考与练习。

　　方法论是人们认识世界和改造世界的基础理论，也是时装设计师认识时装和设计时装的一般基本方法。时装设计师从设计需求出发，在市场调查设计调研分析基础上，确定有关纺织面辅材料、结构成型、缝制技术等层面的内容提出方案和进行时装创作就是时装的方法论。

■ 第一节　解决不同场合与目的着装方案

　　时装设计动机与目的是什么？为什么设计？设计有什么作用或能达到什么目的？这是对时装设计动机的提问，是时装基本功用的问题。功用因素是指时装的功能和用途，这是时装设计首先要考虑的问题。不同的人在不同的时间和不同的场合，对各类时装都有其设计的基本要求，在不同的场合和环境下必须考虑不同的着装，以适应场合的氛围。

　　以解决问题为目标的方法理论体系，通常涉及问题提出、任务接受、选择工具材料、方法技巧等对一系列具体解决问题的方法进行分析研究、系统总结并最终提出最优方案。设计概念层面主要解决时装的主题风格及意境的问题，技术方面主要解决怎样处理面料与人体空间的问题、裁剪后缝合的工艺问题等。

一、正式社交场合着装——礼服与正装

　　礼服（Full Dress）是在正式社交场合、庄重场合或举行仪式时穿的服装，或举行重要典礼时按规定所穿的礼节式衣服。正式社交场合的礼服，需要高档次、重特色和重个性的礼服，以注重表现穿着人的身份、气质、地位、修养和品位。晚礼服一般是低领口设计，以装饰感强的细节来突出独特的高贵优雅，采用镶嵌、刺绣、细褶、华丽花边、蝴蝶结等，给人以古典正统的服饰印象。裙装款式一般与披肩、外套、斗篷类衣服相配，与华美的首饰装饰手套等共同构成整体装束效果。

　　另一种正式场合穿用的装束称为正装（Formal Wear），是指适用于严肃场合穿着的正式时装，如西服、中山装、民族服饰等。正装一般有西服套装或西服套裙，在正式正规公共场合穿的时装中，职业女性直接从办公室去参加正式场合会议的机会较多，因此，功能性强的、具有审美性的职业装，略加搭配修饰就能适合这种正式场合的着装更为实用（图6-1）。

图6-1 礼服与正装

二、工作场合着装——职业装

职业装（Uniform）有两个特性：一是功能性，易于劳作，符合岗位工作时需要，这是职业装最基本的要求；二是象征性，可识别的符合职业身份。根据工作性质，行业特点对款式要求不同等因素来进行设计，使穿着的人有团队的归属感和责任感，有助于提高团队的整体风貌和文化形象。职业服是指用于工作场合的团体化制式时装，具有鲜明的系统性、科学性、功能性、象征性、识别性、美学性等特点。

三、休闲场合着装——便装

休闲装俗称便装（Casual Clothes），是指人们在休闲生活中穿着的服装，有简洁、舒适、自然的特点。主要款式有夹克、外套、风衣、连衣裙、休闲衬衫、背心裙、针织衫、牛仔衣、运动装、旅游装、家居装等，休闲装一般可以分为前卫休闲、运动休闲、浪漫休闲、古典休闲、民俗休闲、乡村休闲和商务休闲等风格。

凡有别于严谨、庄重时装的都可称为休闲装或便装。这类时装适用面广，流行特点强，根据男女老少各个年龄段和春夏秋冬各个时令等因素来设计款式，这是时装中的一大类，变化快，流行因素多，而且在很多情况下人们都比较喜欢这种轻松随意的着装（图6-2）。

图6-2　休闲装

四、运动场合着装——运动装

　　运动装（Sportswear）是指专用于体育运动竞赛或从事户外体育活动穿着的时装，广义上，包括从事户外体育活动穿着的运动休闲时装。通常按运动项目的特定要求，根据不同的体育项目的动作特点，比赛的对抗强度、色彩标志以及各项目的历史传统风格等因素来进行设计制作。为了适应比赛需要，体育时装大多采用系列配套，其样式一般较宽松（图6-3）。

图6-3　休闲运动装

五、表演场合着装——表演装

表演装（Performing Costume）包括舞台时装、戏剧时装，电影、电视剧的时装、节目主持人时装等。款式与礼仪时装相似，但如果是戏剧时装要注意角色时装与舞台上的舞美设计、音响、灯光以及其他演员等空间环境的协调性，要考虑角色和环境的关系来进行创意，使整台的视听效果高度和谐统一，富有表演性。

归纳起来，根据时装的功用与人们生活方式，以服装穿着用途来分，有正式社交场合着装、工作劳动场合着装、休闲娱乐场合着装、运动健身场合着装、舞台表演着装等；依不同场合用途的时装分类，有礼服、正装、职业装、休闲装、日常装、运动时装和表演装等。不同性格、职业身份的人，对这些分类着装的需求也会有所不同。按照季节的变化，还需要有适应不同气候的夏装、春秋装、冬装等。假如，秋冬装由于功能要求，需要防寒防风防雨；防寒滑雪服在款式上需要束袖、束腰、衣袖加长、加风帽等。由于不同的场合、不同的目的需求，因此产生或设计了不同类别的时装，在设计动机与设计原则上对材料相应也会有不同的要求，见表6-1。

表6-1　时装类别与场合环境着装目的及设计原则与选材要求

场合	目的	时装类别	设计与材料要求	原则
正式社交场合	礼仪符合礼节显示品格或表示敬意	礼服、正装	符合礼节显示品格或表示敬意，显示端庄、高雅或雍容、华贵，具有魄力，故要求采用高档材料，以素色为主，并有闪烁效果	遵守社会公德和民族民风习俗
工作场合	标志和统一	职业装	显示职业特点、职务、身份、任务和行为，如警服要求威严，学生服则要求简朴活泼，材料根据职业而定	注重功能性与形象统一性
	安全防护	劳保服	根据操作环境特点选择功能性材料，以达到护体、安全的目的	符合劳保防护要求
休闲旅游场合	装饰美观、舒适方便	生活装休闲装	外出时装要体现流行、个性、审美修养，并引人注目；居家服则要求舒适方便、实用；对材料要求广泛而多样	符合流行潮流
休闲运动场合	便于活动、舒适	运动装	剧烈的活动要求时装材料具有足够的弹性，并能吸汗散热透气，色彩要求鲜艳，游泳装还应注意救生功能	注重功能性及标志
舞台表演场合	扮演、拟态	舞台时装	注意舞台和灯光下的效果，材料、花色及配件有夸张性，并符合角色及剧情的整体效果	符合剧情与角色、性格、地位

第二节 时装设计原则

一、时装TPO原则

时装TPO原则，是指人着装出行是在一定的时间，去一定的场合，有一定的目的，即为什么，去哪里，参加什么活动，时装设计就是为了这些目的要求而进行的。TPO中的T、P、O三个字母分别是英文"Time""Place""Object"这三个单词的缩写，是着装要考虑到的时间、地点环境、目的用途。要求在设计或选择设计时应当考虑着装时间、着装环境和着装目的，使设计的时装与时间、地点、目的协调一致，和谐般配。明确设计的目的，根据穿着的对象、环境、场合、时间等基本条件去进行创造性的设想，寻求人、环境、时装的高度和谐，这就是时装设计的TPO原则。

（一）时间（Time）

设计是基于客户需要和任务要求。接到设计任务首先要弄清楚是什么时间穿用的时装，是冬装还是夏装？不同的气候条件对时装的设计提出的要求是不一样的，时装的造型、面料的选择、装饰手法，甚至艺术气氛的塑造都要受到时间的影响和限制。例如，有冬季时装、夏季时装和秋季时装；按昼夜来说也分早、中、晚，不同时间出席的场合就会分为晨礼服或晚礼服。在少数民族服饰生活习俗中，更加强调时间的着装意义，例如，农历一月三是苗族的花山节；三月三是黎族、畲族等的传统节日；五月五是藏族的赛马会；六月二十四是彝族的火把节；七月二十五是摩梭人的朝山节等习俗节日。这些与自然界季节更迭息息相关的节日是民族服饰文化生动展示的时刻，是蕴含祈求丰收、崇敬英雄、期盼爱情的传统习俗节日，是民族生活方式的集中体现。因此，不同时间点里，各民族特别是女性会穿着一年来精心制作的、漂亮的新装出场过节。

时装行业还是一个不断追求时尚和流行的行业，时装设计具有时间的概念和超前的意识，将流行的趋势、流行信息、流行的细节等融入这些时间概念里去，从而引导大众的审美和消费倾向。

（二）环境（Place）

时装设计必须考虑到不同场所或环境中人们着装的需求，或礼仪和习俗的要求。人在社会生活中，会经常出席不同的环境和不同的场合，每个人每一天根据目的的不同都会活动在多种场合之中。譬如，上班工作场合、参加结婚庆典、参加毕业典礼、出席晚宴、正式会议或朋友聚会、观赏古典音乐会等，这些时间点、内容和环境都是有区分的，因而人的着装也会不尽相同，均需要有相应的时装来配合这些不同的环境以符合环境的礼仪的需求。例如，办公室服饰，要符合办公环境的工作气氛；如果是家庭环境，则应该传达随意舒适温馨的感受；在聚会等娱乐环境中的着装应传达休闲娱乐的情趣，体现轻松活泼的氛围；隆重的晚宴、庆典环境，着装应传达优雅高贵的气质；参加追悼会悲痛的场合，着装则应深沉低调，传达严肃悼念的心境。为了满足这些条件，必须考虑服装的造型、色彩、图案、材料、穿着方法、配饰等问题。一项优秀的时装设计必然是人与时装与环境空间的完美结合，体现着装者的个性与魅力。

（三）目的（Object）

时装设计的目的是人类得到美好形象，设计的起点是人，终点还是人，设计前要围绕人的信息资料进行分析整理，如年龄、性别、体格、生活方式、价值观、生活环境、消费观、嗜好及对时尚态度等。服饰产品设计也是如此，这样才能使设计具有针对性和定位性。不同类型不同层次的人，对目的的要求是有区分的，而且目的与场合在设计中是相互参照的。设计着装必须考虑是否符合人在合适的时间、合适地点和合适场合中穿着合适的服装原则。

二、时装设计条件

时装设计的条件，即英语的五个疑问词：Who（什么人穿？）When（什么时候穿？）Where（什么地方穿？）What（穿什么？）和Why（为什么穿？）设计是基于这5个条件基础上进行的。这是设计要考虑的具体内容和对象，在了解五项条件的前提下，才能达成对造型设计、材料选择和装饰技法等因素与条件的正确选择与吻合应用。条件是设计前必须了解和分析的基础，原则是设计必须遵循的方向，在方向原则的把控下进行具体的分析实施，才能最终提出合理设计方案。这种方法论是普遍适用于艺术设计并起指导作用的原则、理论、方法和手段的总和。

时装设计首先要了解对象，即目标顾客的一些基本条件，也是弄清楚（Who）什么人穿用的问题：如性别，是男性，还是女性；在年龄的分段中是青年人，还是中年人，他们的体型是有差异的。另外，在同一类别的人群中还有性格爱好的区别、审美取向的差异、社会角色的不同、人生经历、个人肤色的不同和经济收入的差异等，每一类人都有自己喜好的生活方式和对流行的态度，也有比较固定的穿着倾向，特别是在服饰文化较成熟的环境里，人们对服饰搭配有较好的修养和个人的品位，这也是一个品牌服装的定位问题。因此，目标顾客的生活方式、审美观念、心理特征、年龄、经济条件，与他们的价值观、消费观以及生活方式、实际需求等这些直接或间接因素的研究都是做好时装设计正确计划和方案的保证。

分析了解服务对象在什么时候、什么季节穿，在什么地方、什么场合，穿什么适合和为什么穿等，只有满意的解答了这些问题，才能有正确而整体的设计计划，使设计有成功率。譬如，男装品牌中，同样是针对白领男士，登喜路品牌的定位是经商的人；而路易威登品牌定位是对奢华生活有怀旧的贵族阶层；阿玛尼品牌的定位则是内涵有才华的人；同样是为女性设计时装，ONLY 的定位是对时尚和品质敏感的现代女性；ELLE 的定位是有运动感的上班族；ESPRITE 的定位则是喜欢时尚休闲的白领丽人。因此，品牌时装设计应对的是不同人群的分析，定位人群的性别、年龄层、人体形态特征，数据统计及目标群的接受程度分析、产品潜在消费者和使用者分析，既是市场潜力分析，也是适应场合分析。

如果是高级定制和个体时装设计，应对的会是个体的体形、肤色、文化背景、教育程度、个性修养、艺术品位、嗜好、从事职业、身份以及经济能力等分析，这些因素将影响到个体对时装的选择与要求，以及个体出现的环境和场合，设计中应针对个体特征要求和着装目的来确定设计方案。完成设计过程中，选择材料（面辅料）和工艺技术是时装表现的技术保证，搭配组合是设计概念传达的视觉手段。无论是适应市场的品牌设计、个体定制，或是参赛设计构思，这些都是必不可少的条件。设计就是从人的需要和使用目的出发，在 TPO 原则和设计条件制约下完成的设计任务。

从设计的角度归纳设计任务定位，其实质性内容主要有以下四个方面：

（1）档次定位——产品的档次定位：所选用面、辅料是高档、中档还是低档。

（2）技术定位——加工缝制技术分析：是复杂的手工装饰，还是简洁的车缝辑线。

（3）价格定位——价格是否合适？是否偏高或偏低。

（4）风格定位——设计感觉如何？是否时尚和具有个性特点等。

在分析了这些因素基础上，落实到具体款式、结构、色彩搭配、纹样设计、材料质感、细节制作和装饰手段等。其中，材料合理性、搭配协调性原则是时装风貌表现中非常重要的环节，是设计紧密依靠的对象和设计赖以完备的物质条件。总之，设计是条件分析的结果，是 TPO 原则下的定位表达，只有很好地将诸多因素构成具有美感的样式，才能形成独有的时装形象和服饰风貌。

三、形式美法则

形式美法则是人类在设计美、创造美的过程中对美的形式规律的经验总结和抽象概括。这个法则是所有艺术遵守的基本法则，也是时装设计中使时装具有美感的不可替代或缺少的理论依据，在构成时装要素诸如造型线、分割线、配色比例、面料分配和服饰品多少搭配中，所呈现出能够引起审美特性和视觉震撼的形式美感。探索形式美的法则，能够培养我们对形式美的敏感度，指导我们更好地去创造美的时装和饰品。

掌握形式美法则，能够更自觉地运用形式美规律表现美的内容，达到形式美与内容美的和谐统一。服装设计的形式法则归纳起来主要有以下几种。

（一）多样统一法则

多样统一又称和谐，是时装设计美的基本规律。多样统一是对立统一规律在设计上的运用，它揭示了一切事物都是对立的统一体，在包含着矛盾双方中既对立又统一，从而展现出事物的特性。时装中多样统一，指单品时装或是系列时装多样而有变化，具体表现在时装中点线面的构成、多色配色、多种材料选用搭配、工艺技法应用等，应用这些元素时，须在统一中求变化，变化中求统一的方法。元素很多，但只多样不统一，会杂乱无章；只有统一，没有了多样，会单调死板、无生气。简而言之，就是要繁而不乱，统而不死，把众多零散的造型元素进行合理的安排，达到既有变化又和谐统一的样式。当设计的单品时装或系列时装既有多元素的组合又有协调统一的效果，这就符合协调性原则，就具有了美感特征，这是形式美的高级形态。无论是单品设计，还是系列整体设计，达到和谐时均含有艺术时尚的整体效果和令人愉悦的作用。

（二）节奏韵律法则

节奏本是指音乐中音响的轻重缓急与重复的节拍；韵律是指音乐节奏的重复形成了歌曲的韵律美。我国的五言律诗是按照平仄押韵、声律对偶的节奏形式形成的五字八句的格式，使诗词有了音乐性和节奏感，这是音韵的美感。节奏用在时装设计中是指以同一视觉要素连续反复排列时而产生的重复动感，单个点元素重复排列组合，或渐变的形，或颜色由深至浅变化等，都会使之产生视觉的旋律美和节奏感。在造型艺术中，节奏能引导人们视线不断移动而产生重复的运动感和节奏感，如线的重复、点的重复、形的重复、色彩的重复和交替等，接二连三地加以重复，便产生了有意味的节奏和跳动的视觉美感。依据这一规律，在一个系列的时装中，很好地应用装饰元素的重复，就能产生具有一定秩序美的节奏和律动，形成良好的视觉效果，成为趣味中心和流动的节奏美，或产生强烈的艺术感染力。

另外，时装中利用相同的构成要素和装饰的重复排列，如相同或相似的图案、相同和相似的符号、相同和相似的曲线、渐变等，都是构成具有节奏感的设计要素。符合节奏韵律的排列设计，其视觉语言的效果具有动感效果。

（三）对比法则

对比是把反差很大的两个视觉要素成功地搭配在一起，使人感受到鲜明而强烈的对比，但仍具有统一美感的整体。对比方法能使设计想要表现的主题更加鲜明，视觉效果更加突出。对比关系主要通过视觉形象、形状的大小，线条的曲直、粗细长短，

数量的多少，排列的疏密，位置的上下、左右变化，色彩的艳丽与灰暗，色调的明暗与冷暖，色相的迥异等多方面的对立因素来达到的。它体现了哲学上矛盾统一的世界观，对比法则广泛应用在现代设计当中，具有很强的实用效果。

对比设计的方法在时装造型中，有各种线条对比、材质对比、体积量感对比、色彩对比等方面表现出来的明显差别。在时装的装饰方法上，装饰数量的多少，排列的疏密，位置的上下变化等对整体造型而言显得非常重要，其关键是对比时不能平均对待，一定要有大和小、多和少、疏和密的对比关系，即"密不透风，疏可走马"的布局概念。优秀的设计都会有一个强调的视觉中心，这个中心是视觉的焦点或"主角"，这是设计中重要的手法。视觉焦点的设置能吸引人们的视线，增添时装的活力和情趣，起到视觉引导的作用。在一套时装和一个系列的多款时装设计中，必须使一套服装中的一点或一系列服装中的一套成为该套或该系列的中心焦点，设计的分量、量感、视觉的冲击力等都围绕这一款式形成，最后烘托主题。在形成视觉震撼力强烈的系列时装中可以看到，集中该系列风格特色的"焦点"时装往往被颇有影响力的知名模特儿穿着出场，成为系列的"主秀"。

（四）比例法则

比例法则是指一个总体造型体量中各个部分的数量与总体数量比重的占有比例，用于反映服装造型的构成或者结构分量。在造型艺术中指各部位之间局部与局部、局部与整体之间相互配比关系，当它们之间达到匀称，即为比例美。自古以来，黄金比例被认为是美的比例。毕达哥拉斯认为："美是数的和谐"，"和谐是一种结构，数的结构"，1∶0.618黄金数比是数的和谐结构。黄金分割具有严格的比例性，蕴藏着丰富的美学价值，而且这个数比呈现于人、动物和植物的外观之中。现今很多工业产品、电子产品、建筑物外观、内饰分割或艺术品均普遍应用黄金分割比例，展现其功能性与美观性。比例是任何艺术作品的结构基础，对于一张画的构图比例关系而言，当构图时被画物占画面80%左右时看上去饱满，符合美的比例，设计中应用黄金比例被认为是美的比例。一套时装的比例关系是指衣服长短比列，是上短下长，还是上长下短；也指衣服内分割线的占位比例，这种比例的分割含有一定的视错原理，能起到对人体扬长避短的作用。

（五）对称均衡法则

这一法则含有对称和均衡。对称指图形或造型体以中线为基准两边各部分形状，在大小、位置排列上具有一一对应的对称平衡关系。对称是几何形状或概念上之于对象的一种特征，如时装上衣以中线为基准，两边对称的领型、口袋、袋盖、贴袋、衣袖、袖口开叉等，中山装和学生装是对称平衡的造型方法，这种式样严谨、稳重而端庄。不对称的平衡，即均衡。时装以中线为基准，两边造型和分割呈不对称形状，如西服和旗袍。特别是时装设计中，不对称的造型线分割、装饰图案、不对称的上衣和连衣裙下摆的外部轮廓，用不对称的造型方法，凸显式样活泼、动感、灵活性、生动性和个性。

对称与不对称都是均衡的造型方法，却有不同的视觉效果和品质风貌。设计师谈论均衡，多半是视觉效果上的平衡，而非绝对计量上的平衡和形状上的一致。时装中不对称平衡表现效果为自由灵活、富于变化，一个系列的作品中，这种视觉效果上的均衡感，应是检验时装各个要素安排到位的美的形式法则。设计理论是设计师引导思维检测过程的依据，而不是严格遵守的法宝。因为，"时装"这个术语本身就包含有不断实践的过程，只有不断实践，调整眼光，提高品位和对审美的感觉，对时尚流行的敏锐，才能设计出具有"灵气"的时装作品。

第三节　时装设计流程

时装是从纺纱织布染整开始的，然后将织物裁剪制作成衣并销售至消费者穿着。这是大纺织的概念，它包括了上游纺、织、染整纺织工程；下游有物流、渠道、卖场、服务；中间面辅料与产品设计、产品生产、仓储物流、订单处理、商品陈列、批发经营、终端销售。服装产业链的核心环节纺织技术研发、面辅料生产、服装设计、加工与贸易、信息技术等。

服装专业链包括：服装设计思维与效果图技法、服装生产技术——服装结构设计与工艺制作、服装陈列、市场营销、流行趋势与信息技术组成现代人才的专业链。专业都可以在专业链中各自定位，服务于产业链中的相应环节。本节主要分析服装专业链中的设计流程，包括三个部分，一是前期调研，二是设计构思与方案，三是样衣试制。

一、前期调研

（一）设计调研意义

设计调研是设计前的一项基本工作，设计调研的意义：一是激发灵感，启发寻找新的设计方向。二是通过调研，发现一些以前完全一无所知的信息，或是探寻到一些新技巧和新工艺。

设计调研的目的在于，通过市场信息的搜集、文化资料收集分析、记录这些信息以备当前或未来之用；在调研中从过去和现在的事物中学到新的东西；调研过程可以让你发现或了解自己的兴趣点，并扩展对周遭世界的感悟和认识。调研开始就是一次设计方案企划探索之旅的起点，并以最终完成设计方案为结果。

（二）设计调研内容与方法

设计调研有两个层面的内容和方法。

1. 形象化素材设计调研

（1）**收集素材**：确定资料来源，收集设计所需的形象化素材，以便对设计主题、情绪基调或概念进行确定，这是在创作中自我个性的发展必不可少的过程。资料题材必须是能够激发创作灵感，同时切实可用，这是原创设计调研的首要条件。收集和记录下来的各种发现是个人直接提取设计元素的前提，也是收集的第一手资料。另外，使用其他人发现的事物，如来自书籍、网络、摄影、报纸和期刊等图形图片是为二手资料。观察全球的变化，社会现状、社会环境、文化潮流等对人群生活方式的影响，敏锐的洞察力是一名设计师必须逐步发展的能力。

（2）**采集面辅料**：时装设计所需的是真实有形的和可实践操作完成的衣物，设计或选择面料、辅料是完成设计产品的关键。

2. 市场调研　市场调研是设计调研的一部分，首先，通过对现有市场信息资料的收集、记录、整理与分析，来了解时装市场环境，发现问题与机会；其次，设计定位群体的调查，产品开发要注重市场调研这两个部分的信息采集、调研分析及分享报告的结论，再来制订设计方案和营销方案。通常在进行市场调研后，必须完成一份有价值的市场调研报告。

（1）**调研方法**：依据设计目的的需要来选择有效的调研方法，一般有下列五种基本方法：

①文案调查法：以现有内部资料和社会专门调研机构发布的有关信息，进行收集、分析、整理的方法。

②观察法：观察社会现象，品牌销售、街道市井人们的穿着、购买行为，观察时技术上设定十字方法，即水平式比较（时间性的比较）、与垂直式的比较（社会品牌或不同品牌现状比较）。

③网络调查法：一般常用问卷调查方法，包括设计问卷、发放问卷、收回问卷、分析问卷，得出结论。

④访问调查法：确定要访问的对象，从受访者的数字回答中去分析，常见的例子有焦点族群、专家或VIP深度访谈、大众一般访谈等。

⑤实验法：实验性技术面料再造，手工技术面料再造等完成面料的创新与试制。

（2）**调查步骤与内容**。

①资料分析：明确调查时间、调查地点、调查对象。收集不同时间、不同地点和

不同对象的市场信息资料。常见的资料包括品牌的消费者定位、消费者调查、消费环境调查、消费群分析、广告分析、产品调查分析，还包括竞争对手调查信息等。

②资料整理：运用科学的方法，有目的地、系统地收集、记录、整理有关市场信息和内部资料，了解市场的现状及其发展趋势，为品牌或一个设计提案的预测和决策提供客观的、正确的资料，包括竞争对手优劣势分析比较，定性定量分析，完成市场调查资料整理。

③调研报告：提出一份有价值的调研报告，包括数据分析与结论，为设计提供参考。

二、设计构思与方案

时装设计是艺术构思与技术表达的统一体，其中有艺术造型的问题，也有技术缝合的问题，还有市场营销的问题。时装设计狭义理解就是设计时装款式的一种行业；广义的理解，即根据设计对象的要求进行构思，并绘制出效果图、平面图，再根据图纸进行制作，达到完成样衣设计并完成销售至消费者手中的全过程。设计方案的提出是在确定了设计主题、题材和风格的前提下，从构思草图开始，几经修改确定至正稿效果图，再绘制正背面款式图、工艺细节图，选择面料，打板、缝制，样衣补正、成衣检验、服饰搭配等过程。围绕"针对一个特定的目标，在计划的过程中求得一种问题的解决和策略，进而满足人的某种需求"提出合理的设计方案。

（一）设计构思

所谓构思，是艺术家把生活素材升华为艺术作品所进行的由感受到思索、由思索到发现，逐渐形成艺术意象的过程。

时装设计的构思过程实质也是对社会现状的一种审美认识的艺术活动，是在深入观察、思考和分析社会或自然现象的基础上，加以选择、加工、提炼、计划、组合，融汇了设计师的艺术素养、概念想象、理念情感、技术表达等诸多因素而形成的审美物象。

大千世界为时装设计构思提供了无限宽广的素材，新的材质不断涌现也不断丰富着设计师的表现风格。在构思过程中，设计者都是通过勾勒时装草图借以表达思维过程，通过修改补充，在考虑较成熟后，再绘制出详细的时装设计图。

（二）设计思维

设计思维是用于为项目任务提供富有创造性解决方案的头脑风暴，或寻找改进创新的思路和触发创意的一种方法论。作为一种思维的方式，它被普遍认为能够综合处

理目标任务的问题、思考问题产生的背景，分析和找出解决问题的方案。

思维力是一种想象力，思维力强即想象力丰富。丰富的想象力源于对生活的感受，作品创意可以看作是现实观察所得和想象力思考的结合。当进行设计调研时，在观察自然物体形式结构和形式规律的启发下产生联想，如看飞泻的瀑布时诗人有"飞流直下三千尺，疑是银河落九天"的诗句。而设计师联想发现的是有冲击力而流动线条的形式美感；看见飘落的羽毛会寻求柔和轻盈的曲线，看到斑马的纹路会找寻充满韵律的节奏形式，遇到滂沱的雨会提炼密集有序的概念等，想象力是人类创新的源泉。在设计联想审美活动中主要有四种思维，即正向思维、逆向思维、发散思维和头脑风暴。

1. 正向思维 所谓正向思维，是人在创造性思维活动中，沿袭常规去分析问题，按事物发展的进程进行思考推测，通过已知来揭示事物本质的思维方法，这种联想力是在已有形象的基础上创造出新形象的能力。比如当你说起汽车，想象出卡车、货车、轿车等各种各样的汽车造型。正向思维由一事物的形状、特征引起相关联的思考，联想到其他事物的形象或特征的思维活动。时装设计师迪奥的郁金香裙子、森英惠的蝴蝶纹样的装饰设计便是以正向思维的方式将花形和蝴蝶作为服装外形元素应用于设计之中的。与正向思维相关的联想概念，还有接近联想、相似联想，它们都是依据相似律，即依据事物之间的性质、情态、内容等方面的相似或相近性而产生的联想。类似联想对创造性思维有很好的启发作用，仿生学的研究都是运用类似联想的实例（图6-4）。

图6-4 正向思维仿生设计——仿生物肌理质感

2. 逆向思维 逆向思维，也称求异思维，它是对司空见惯的似乎已成定论的事物或观点反向思考的一种思维方式。"反其道而思之"是与正向比较而言的逆向思维活动。正向是指常规的、常识的或习惯的想法与做法；逆向则是对传统、惯例、常识的逆向思考方式。

法国设计师夏奈尔很早应用了逆向思维，把男士用作内衣的毛针织面料用在女装上，第一次推出针织套装裤，这在当时特别是在正式场合，女士穿裤装简直是"大逆不道"的案例。留短发，着"坏男孩"式的装扮，这对于传统的贵夫人形象也无疑是反叛和革命的，这种设计对现代女装的形成起着不可估量的作用。后现代主义思潮、解构主义方法都有一种与传统相反方向的思维形式，是对正统原则和标准给予批判性的思维形式，是对现代主义的设计语汇颠倒重构，使各种元素由此产生新的意义的做法。很多具有前卫概念的设计中都含有对现代性设计的反思和批判，从时装材料肌理，色彩搭配，款式的多样化，可以看到后现代符号语言的时装样式打破传统平衡，呈碎片状、不对称、不连续的展示，非传统的混搭、叠加、错位、裂变、风趣、诙谐等解构反讽的方式手段，表现出前卫性、特异性。从高级时装的对立方面思考的街头破旧时装风格，这就是由逆向联想法产生出来的逆向而又新奇、有趣而又独特的表现手段（图6-5）。

图6-5 逆向思维的时装设计

3. 发散思维 发散思维是由一个起点向外发散的思维形式。发散思维又称扩散思维或求异思维，是指在思维时呈现的一种扩散状态的思维模式。心理学家认为，发散思维是创造性思维最主要的特点，是测定创造力的主要标志之一。

设计师应用发散思维的作品表现出有创见的新颖观念和新的造型，或产生前所未有的思维成果，这种创意思维或创造性思维会带来新的具有社会意义的开创性成果。时装设计运用发散思维的案例，如可以拆卸的毛领，可拆解的袖子使衣服一瞬间成为背心，可拆卸的裙子使长裙变为短裙等一物多用。在设计世界里自由地发挥想象力创造力，克服人们头脑中某种自己设置的僵化的思维框架，使思维沿着不同的多方向扩散，表现出极其丰富的多样性和多面性。最后做出不同寻常、异于他人的新奇的独特性设计，在发散思维中，独特性是发散思维的最高目标（图6-6）。

图6-6　发散思维设计

4. 头脑风暴　头脑风暴又称智力激励法、BS法、自由思考法，是一种创造能力的训练方法。即为了解决一个问题、萌发一个好创意，集中一组人来同时思考某事的方式，类似"集思广益"的意思。在设计方面采用"头脑风暴"，是以小组的形式展开，其方式是通过小组人员畅所欲言来体现的。通过汇集不同人的观点，找出新的创意点，寻找和完善设计主题与实用的细节元素。设计师也常会用到这种方法，展开奇思妙想（图6-7）。

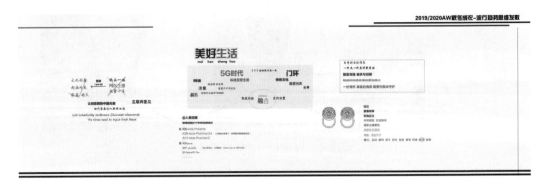

图6-7　主题—文字的发散思维

无论哪一种设计思维，设计的关键在于对设计过程与设计要素优化组合，作为优化组合需要考虑：如何衔接，如何增加，如何排除，借物代用，组合排列，位置变化等。时装设计中的形态、素材、色彩要素都要寻找最优化结合点。当外形确定时，衣服的内分割线就相对被明确；其次是领子与袖子和口袋等细节的分析；领子的重叠，口袋增减，袖子分割变化等。

（三）设计方案与内容

一个设计项目任务的完成，包括以下几个方面：

1. 主题和文字说明　一个主题的设计，应有主体名称和相关的文字说明。包括设计主题名、灵感来源、设计意图、规格尺寸、材料要求、面辅料种类、材质特点、时装风格等说明。

2. 设计方案　一套完整的设计提案包括主题概念版（图6-8）、主题趋势下的色彩故事版（图6-9）、主题趋势下廓型分析提案（图6-10）、主题趋势下材料工艺分析提案（图6-11）、主题趋势下的配饰等（图6-12）、主题趋势下的设计效果图（图6-13）。

3. 设计效果图　设计效果图是表现已经构思成熟的设计形式，包括前期设计思维构想、草图绘制、人体动作与时装细节表现、着装效果表现以及绘画技巧和艺术效果的表达。在表达时装设计构思主题时，需要用绘画技法来表现效果，不仅是手绘，还会使用计算机辅助软件绘制，如Photoshop（PS），Adobe Illustrator（AI），Coreldraw

图6-8　主题趋势下灵感故事提案

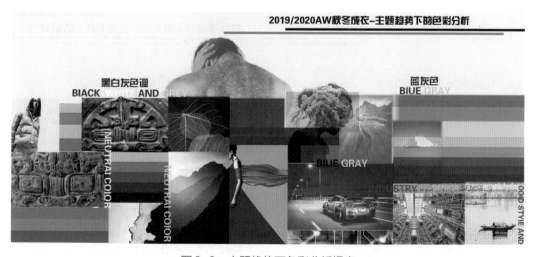

图6-9　主题趋势下色彩分析提案

图6-10　主题趋势下廓型分析提案

图6-11　主题趋势下工艺分析提案

图6-12　主题趋势下饰品分析提案

图6-13 主题效果图设计稿

（CDR），FreeHand（FH）等，效果图上还须找到合适的面料，贴有面、辅料小样（图6-14）。

4. 款式图 款式图包括正面款式图或背面款式图，是设计师与样板师、样衣缝制沟通交流的图形依据，款式图比例尺寸、细节都必须正确，每一个工艺细部要能让人理解（图6-14）。

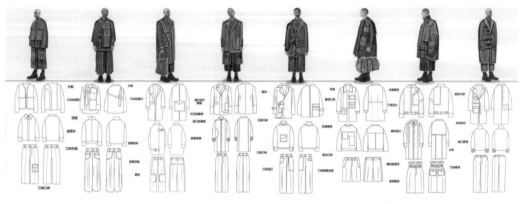

图6-14 款式图

优秀的时装效果图将烘托出时装创造的氛围与情调，具有主题作品的审美意义和耐人寻味的细节。当审定设计稿后，开始面辅料采购和样衣制作与调整，直至最后成衣完成（图6-15、图6-16）。

三、样衣试制

设计提案的完成，只是设计构思到图纸的完成，设计到产品还需经过选用材料（面料、辅料、缝线、配件）、结构设计、裁剪、工艺缝合、图案装饰、补正制作完成至样衣成品。

制作过程 | **MAKING PROCESS**

选定款式图

② 确定服装款式，制作调整白胚样衣

图6-15　样衣制作调整与补正

图6-16　成衣展示

（一）选料

材料是完成设计产品的关键，设计师除了完成灵感创意和设计图，还必须对设计过程中有关面料、辅料、缝线、配件、饰品、纸样、缝制工艺、手工细部、样衣成型等方面亲自参与或提出要求，特别是依据设计图适用面料的选择，对于款式风格控制和把握非常关键，否则是很难达到构思创意的艺术效果的。这些都有专门的课程学习，在这里就不一一展开。

（二）结构设计

结构设计是按设计效果图和款式图绘制出裁剪用的结构设计图纸，也称板型，是学习时装设计必须学习的基本内容（图6-17）。时装从设计效果图到样衣成品，结构设计的纸样是其中关键环节和重要的技术条件。它起着承上启下的作用，是实现设计思想的根本保证，这一关键性技术环节在工业化、数字化的今天比手工作坊时代显得更为重要。

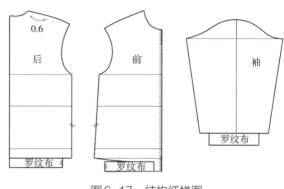

图6-17　结构纸样图

通常结构纸样设计常用的有两种方法：一种是立体裁剪的方法；另一种是平面裁剪的方法。熟练者可以两种方法混合使用，具体采用哪一种方法，则应以时装款式来定，样衣结构设计对体现设计造型意图是相当关键的。即便有很好的设计创意，如果结构上不能理解或达不到造型的要求，将使设计作品的最终造型效果得不到理想的再现。

（三）裁剪与工艺

纸样完成以后，下一个步骤就是将纸样铺放在面料上进行裁剪，再由样衣师缝合衣片至成衣。样衣缝制是将各裁片缝合在一起使衣片成型的工作，缝合技艺精湛，严格按照设计要求，才能缝制出理想的时装。在企业生产中，样衣的每一个细节，如缝合的针距和特殊的工艺都与将来批量生产的时装相一致。因此，工艺的可行性是样衣和批量生产位于同样质量档次的保证。

四、设计调整

试制样衣，必须经过假缝、试穿、补正、缝合、才能最终完成，其中一个很重要的过程就是样衣补正，设计调整阶段。时装的外观效果和合体程度是时装品质的关键，为了确保时装的这种品质，需作样衣补正。补正是在第一次假缝后，穿在人模上检查修整衣服上出现的多余难看的皱褶，调整样衣的设计外形线和设计线的比例。在静止的人台上修改样衣之后，还应在品牌模特身上试穿，补正板型。这一实物化的过程是从美的、机能性的和风格等方面来斟酌和修改的过程，是时装成型必不可少的程序。

一般品牌样衣完成审定后，即可审样投产。参赛的系列作品还需要进行整体的调整进行服饰品搭配等，以便达到设计最好的整体视觉效果。

五、设计搭配艺术

虽然衣服的款式、色调、材料等基本要素组成了一套时装样式的基本风貌，但就整体着装给人的印象而言，服饰搭配的装饰往往会完全改变或者加强一套服饰的风格、形象，或是一个系列的服饰效果。因此，设计最后还需要进行整体调整和搭配，才能达到更好的设计效果。

（一）服饰搭配

时装搭配是指将单件套时装和服饰品进行组合，使着装者具备明显的风格特色。作为现在的一种新兴职业，服饰搭配师就是"通过服饰商品多元化的组合、商品连带搭配销售，从而达到视觉营销价值，为品牌风格及视觉精准传达而服务"。这是搭配师的工作，也是设计师应该考虑的问题。

无论是单套时装，还是系列时装，如果没有和谐完美的搭配，其整体视觉效果将会逊色很多。以一件式连衣裙单色基本款式为例，当我们为其搭配上古典礼帽、长手套、时装包、宽腰带、墨镜和长筒靴时，这身搭配体现出时尚优雅的青春形象；当我们为其搭配棒球帽、多功能休闲包和运动鞋，其着装形象随着服饰品会呈现出运动活泼的青春形象；当我们为其搭配新潮的贝雷帽或针织帽、针织围巾、休闲包和波鞋短靴时，其着装形象随着服饰品又呈现出游牧休闲、田园淑女、民族国潮等青春形象（图6-18~图6-20）。

搭配是时装的二次设计，在系列设计或选择设计中，它依托产品的功用来烘托时装的艺术氛围和设计意境。如项链、戒指、坠、耳环、胸饰等结合时装的风格，搭配不同的配饰，可以在很大程度上提升着装的艺术趣味。作为整体装饰的手段，头饰、结饰、针饰等这些生活中小饰品，也能烘托时装风采，

图6-18 前卫风格的服饰

图6-19 休闲风格的服饰品

图6-20　时尚浪漫的服饰品

增添系列设计时装风格的魅力。

（二）发型化妆

发型化妆是时装整体形象设计的一部分，现代人注重个人发型和化妆已经成为社交上的一种礼貌行为。

如清纯的长发、时尚青春的直发、浪漫优雅的卷发，有经现代技术演绎的古典发髻，有怀旧复古的长波浪，有凸显摩登的短发和凌乱质感的中长发等。合适的发型、化妆与时装相映成趣，它们是塑造个性美和时尚美的重要因素。设计师结合不同风格类型的时装，配以相应风格类型的发型和化妆，已是服装设计中不可忽略的步骤（图6-21~图6-23）。

（三）整体调整

在设计中，时装的风格是由设计的定位或设计师个人风格决定的，其变化也是由

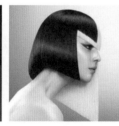

图6-21　前卫摩登的发型化妆

图6-22　怀旧复古的发型化妆

图6-23　活泼青春的发型化妆

时装的品种、设计观念、设计对象而转换的。一个企业、一个品牌要确立自己的产品风格，就要明确消费对象的定位，明确消费群体的年龄、消费心理、价值观念、文化背景和生活方式等，在调查研究细分后分析风格模型，才能够设计出与这类消费对象相适应的时装风格。整个设计过程如同绘画过程，从整体到局部，再从局部回到整体。从整体入手并结合创意与商业元素将所有造型因素糅合成一个统一的充满魅力的时装外观风貌。法国哲学家笛卡尔言："这种美不在某一特殊的部分闪烁，而在所有部分总起来看，彼此之间有一种恰到好处的协调和适中，没有一部分突出压倒其他部分，损害全体结构的完美。"也就是说，时装是一种整体美，表现人的气质、心理、个性及人体美等因素的整体统一性。

思考与练习

1. 谈一谈你对时装设计师团队的理解。

2. 时装设计的首要条件是什么？

3. 根据时装设计的形式理论，试举一设计师作品分析。

4. 以一套或一系列服装为例，分析作品中对比原则，均衡原则的应用及协调性。

5. 时装设计的艺术手法有几种？你认为哪一种最重要，请举例说明。

6. 结合中国时装品牌谈一谈"原创设计"的命题。

服装品牌

第七章

课题名称： 服装品牌

课题内容： 1. 品牌服装认知

　　　　　　 2. 服装品牌运营

　　　　　　 3. 服装品牌传播

　　　　　　 4. 服装品牌营销

　　　　　　 5. 服装品牌买手

课题时间： 4课时

教学目的： 通过本章学习，使学生了解什么是服装品牌，并从品牌市场定位、品牌运营到品牌传播、营销推广及品牌创新的方式、品牌买手等方面，让学生能够了解到将设计理念建立在消费群体的实际需求和品牌的运作流程之上，从而才能创造出引领市场的品牌文化和产品体系。

教学方式： 课堂讲授、市场调研、课堂演讲。

教学要求： 能掌握服装品牌的定义、定位以及运营的全过程，并了解如何用市场营销的手法宣传品牌及了解最新的品牌咨询，以及品牌买手的工作内容。

课前（后）准备： 课前可根据知识点预习，课后完成思考与练习。

第一节 品牌服装认知

从20世纪70年代开始，中国服装企业生产的产品开始向品牌经营、品牌建设之路转型发展。随着经济全球化的深入，国际交流与服装业内交流不断加深，一方面，国外服装品牌进入国内，舶来品显示出新颖性、独特性；另一方面，服装企业之间在原料、设备、技术水平等方面的差别渐趋同化，使服装产品加工技术品质趋于相同。要想更好地制造、组合和销售产品，就要促使服装制造者从舶来品学习品牌建设，产生服装品牌概念。从销售产品到品牌营销，在创建品牌的同时也创建企业文化，突出品牌系列产品所蕴含的文化内容及品牌个性形象，提升品牌服饰文化内涵和品牌服装产品的附加值。20世纪80年代以来，服装消费进入品牌消费时代，足以验证服装产业品牌文化建设的必然性和必要性。

一、品牌服装概念

（一）品牌的由来

品牌的概念始于铭牌，最初源于经销牛生意的商人，为辨认自己的牛不被混淆，在牛屁股上用烙铁打上标记性印记。这一行为使不同的公司发现了商机，各自选取有代表性的不同标识钉在产品上，当产品投放市场后，固定在产品上向用户提供厂家商标识别、产品区分、产品参数等信息的标牌，使目标受众能立即识别出企业或商家的产品。当公司想要持久维护这一标识，或运用某一标识持久地代表一个公司形象的时候，就产生了品牌。

（二）品牌的概念

品牌是抽象的，是消费者对产品一切感受的总和，如足以信赖、用来可靠、穿着舒适、充满信心、个性等心理感受。产品是品牌的基础，没有好产品，品牌无法持久不坠，但是有好的产品也未必一定能架构好的品牌，这就是品牌与产品之间的哲学关系。品牌建设具有长期性，因为，品牌是用抽象化的、特有的、能识别的心智概念来表现其差异性，进而在消费者意识中占据一定位置，具有无形资产综合反映的经济价值。

现代企划鼻祖史地芬金（Stephen King）言："产品是工厂所生产的东西，品牌是消费者所购买的东西。产品可以被竞争者模仿，但品牌则独一无二。产品容易过时落伍，但成功的品牌却能持久不坠。"三句话说明了产品是被生产的、可以被模仿，容易过时的，而品牌则是独一无二的、持久不衰的，点明了品牌与消费者的关系。

品牌是具备特有性、价值性、长期性、认知性的一种识别系统。品牌文化是具有经济价值的无形资产；是对企业理念、行为、视觉、听觉四方面进行标准化、规则化的要求；品牌这一文化系统，称为：CIS（corporate identity system）体系。品牌从最初为了便于识别产品而使用，到品牌附加值体现，不仅是一个概念，还是一种持久的品牌文化、一种价值体系及品牌发展的有效方式。

（三）品牌商标

从品牌出现开始便有了商标，商标是一个生产企业或设计公司独有的品牌名称，如范思哲品牌商标是以美杜莎图像为服装品牌标识，夏奈尔品牌商标是以一个字母构成的标志图形和文字来标识的服装品牌标识，爱马仕品牌则是以文字加图形的形式来代表品牌标志，如图7-1所示。这些不同的标志，分别代表了不同品牌所有的文化、产品特征和设计风格。因此，商标是企业品牌产品的外在符号。

（a）范思哲商标　　　　　（b）夏奈尔商标　　　　　（c）爱马仕商标

图7-1　品牌商标

商标是形成品牌的第一步，商标和品牌名共同构成了一个品牌的徽章，形成品牌独有的形象。从管理上来说，商标是指工商企业为区别其制造或经营某种商品的质量、规格和特点而设计的标志。商标通常要向国家的商标管理机关注册或登记，并取得专用权，法律上商标还需认定品牌的法定代表人。从品牌文化建设来说，每个品牌具有的品牌名和商标，一般用文字、图形或符号，注明在商品、商品包装、企业招牌、企业广告上面。从形象上来说，商标是品牌的象征物，一个大众熟知的商标在品牌林立的市场和品牌营销中的地位是非常重要。从利润价值上看，百年商标是高附加值的认可证。

可见，品牌标识识别系统也是一类符号体系，是品牌视觉识别的可见载体部分。服装品牌涵盖品牌名称、品牌符号、品牌文化、品牌赋予的产品诉求、产品形象、包装陈列、服务、传播行为等方面的个性形象。

二、品牌服装文化

品牌服装文化不仅是企业一项产权和消费者的认识，更是企业、产品与消费者之

间关系的载体。服装品牌的内涵底蕴是文化，核心是品牌产品的个性，品牌的目标是产品与消费者的关系，这是品牌文化建设的关键。品牌的文化建设意义在于品牌及其产品更加具有象征性、感性、体验性。概念是无形的，与品牌所代表的观念精神有关；产品则是有型的，产品个性浓缩了企业理念、产品风格、员工素质等企业文化形态的综合反映，因为品牌文化是透过产品体现出来的。

如果站在品牌建设者、所有者和管理者角度，品牌就是人对组织、产品和服务提供的一切利益关系、情感关系和社会关系的综合体验和独特印象，它代表特定所有者权益的一种无形资产。在创立品牌和扩大品牌覆盖面的过程中，只有通过产品结构的优化、存量资产的盘活、技术含量的提高和科学化的管理，才能使企业不断地发展壮大，才能使品牌深入人心，被市场接受。

因此，品牌是文化的载体，文化是凝结在品牌上的企业精华，也是对渗透在品牌经营全过程中的理念、行为规范和团队风格的体现。服装品牌的个性文化构建是在风格及定位的个性化基础之上，使文化渗透和充盈其中，并发挥着不可替代的作用。创建一个服装品牌过程就是一个将文化精炼而充分的展示过程，文化在品牌的塑造过程中起着凝聚和催化的作用，文化使品牌更有内涵，文化提升品牌的附加值和产品的竞争力。

总之，服装的品牌文化代表了一种价值尺度，代表了一种生活观念，也代表了一种审美情趣。企业的产品形象和品牌形象的展示使文化形成真正的有机体，贯穿在产品设计、市场形象推广、终端销售及消费感受各个领域之中，形成最终的文化链条。品牌文化的影响力将是中国服装市场新一轮竞争的一个焦点，未来的企业竞争是品牌的竞争，更是品牌文化之间的竞争，这是一种高层次的竞争，品牌文化就是品牌取得竞争力的优势所在，任何一家成功企业都靠着其独特的品牌文化在市场上占有一席之地。但是，品牌文化是人为赋予培育或逐渐形成的，品牌文化的构建也需要时间的积累和沉淀。

三、品牌服装价值

品牌是商品经济发展到一定阶级的产物，品牌迅速发展是在近代和现代商品经济的高度发达条件下得以迅速发展的产物。品牌服装的价值是指品牌服装在需求者心目中的综合形象，包括品牌属性、品质、档次（品位）、文化、个性，代表着该品牌服装可以为需求者带来的价值。价值理论的多样化使品牌价值被赋予了不同的内涵。培养品牌的价值，把品牌向内涵构架的价值引导，是品牌服装经营的主要目标，也是品牌向价值转化的根本意义。品牌服装价值包括：品牌的意识价值、品牌的文化价值、品牌的经济价值和品牌的附加值。

（一）品牌的意识价值

品牌的意识价值是指消费者与商品间的某种精神联系，这种联系促使消费者产生相应的消费行为，品牌独立的意识价值得到消费者承认后，消费者所购买的产品也不只是一个简单的物品，而是一种与众不同的体验和特定的表现自我、实现自我价值道具。认牌购买某种商品，也不是单纯的购买行为，而是对品牌所能够带来的文化价值心理利益的追逐和个人情感的释放。消费者这种情结是品牌参与竞争的基石，也是品牌忠诚度的根本。

（二）品牌的文化价值

品牌的文化价值是通过创造产品的物质效用与品牌精神高度统一的完美境界，带给消费者更高层次的满足，更多心灵的慰藉和精神的寄托，在消费者心灵深处形成潜在的文化认同和情感眷恋。在消费者心目中所钟情的品牌，除了作为一种商品的标志代表商品的质量、性能及独特的市场定位以外，更代表他们自己的价值观、个性、品位、格调、生活方式和消费模式。消费者对品牌的选择和忠诚是建立在品牌深刻的文化内涵和精神内涵上，而不是建立在直接的产品利益上的，维系消费者与品牌长期联系的是独特的品牌文化、品牌形象和情感因素。

（三）品牌的经济价值

品牌的经济价值是指在品牌经营中体现出特定的利益，顾客购买商品实质是购买某种利益，就是把这种商品或产品属性转化为功能、情感、消费或销售利益；这时品牌就体现出了品牌文化建设经营者的某种价值感，促进对这些价值感感兴趣的购买群体的购买行为。经济价值代表卖者对买者的需求特征、利益和服务的一贯性承诺，也是企业产品与消费者建立的一种联动关系。从消费者行为的角度来看，更加需要企业树立品牌意识。在产品的销售过程中起决定性作用的已不再是产品本身，而是一个企业独特鲜明的品牌形象，是企业或产品给消费者的"感觉"，只有那些代表着高品质、高信誉的品牌才能在消费者心目中长期占有一席之地。商品的多元化，使得消费者的选择日趋多样化，而此时，品牌就成为消费者选择产品的价值标准之一。

（四）品牌的附加值

品牌的附加值是通过品牌文化建设内涵，在产品的有形价值上附加的无形价值。无形价值与有形价值是同时存在的，它是在产品的物质功能基础之上建立起来的消费者的精神享受和品牌附加值的实现。在不考虑品牌效应的情况下，对于功能、质量完全相同或者相当接近的商品，其有形价值是相近的。而一旦贴上品牌标签，则商品价

格就完全不同。这一部分的差额收益，就是品牌所致的附加值。时装产品也是一样，如夏奈尔小包与新潮品牌小包，从包造型和本身的使用功能上看是相差不大，但价格相差悬殊。追逐时尚的人，在购买包包商品的时候会做出不同的选择，甚至对同一种商品的使用价值会产生不同的看法。这种对名牌包的选择，就是品牌的附加值带来的无形价值与体验，就是品牌附加值的效应。

四、服装品牌分类

日本《服装世界常识》将服装品牌分为以下七种：

（一）国际品牌（International Brands）

国际品牌指具有国际声誉、在多国有销售的服装品牌，如夏奈尔、爱马仕、三宅一生、拉克鲁瓦等。

（二）特许品牌（Licensed Brands）

特许品牌是通过与知名品牌签订契约，支付使用费，获得生产经营许可的品牌，被使用的品牌通常具有较高的声望和知名度。服饰品牌特许经营作为一种商业的拓展模式，在服饰业得到了迅猛发展。特许经营的品牌一般要按照被使用的品牌样板店的建设和管理、特许经营手册等样板进行经营，如皮尔卡丹特许经营品牌门店。

（三）设计师品牌（Designer Brands）

设计师品牌多以创立品牌时的设计师姓名为品牌名，由知名设计师领衔经营设计，以强调设计师的声望，如国际上的意大利设计师乔治·阿玛尼，英国设计师亚历山大·麦昆，日本设计师山本耀司、三宅一生等；国内知名设计师马可、郭培、刘清扬等。

（四）商品群品牌（National Brands）

商品群品牌是销售范围及影响遍及全球的品牌，集群品牌具有区域性和品牌效应这两个特性。区域性指集群品牌一般限定在一个区域或者一个城市的范围内，带有很强的地域特色。品牌效应指集群品牌代表一个地方产业或产品的形象。比如，法国香水、米兰时装、瑞士手表、景德镇瓷器、温州皮鞋等。

（五）零售商（企业）品牌（Private Brands）

大型零售商拥有由特定的零售渠道所经营的品牌，如巴黎老佛爷百货商店，老佛爷的含义早已经超出一家百货公司，成为巴黎时尚文化的缩影和策源地。

（六）店家品牌（Store Brands）

店家品牌通常是规模较小的零售商店经营的品牌，类似早期"前店后厂"式的服装加工销售形式。

（七）个性品牌（Character Brands）

个性品牌的商品个性特征鲜明，是具有强差别化形象意识的品牌，也称小众设计师品牌。

以上七种类别的品牌，基本涵盖了服装业品牌所有的经营形式。

第二节 服装品牌运营

一、服装品牌运营的意义

品牌运营是企业以品牌产品为核心所做的一系列综合性策划工作。服装品牌运营是对品牌产品即将进入市场前，在充分的市场环境调查及调研基础上，进行系统、周密地分析预测并制订科学可行的策略方案。

品牌策划就是服装企业利用品牌这一重要的无形资本，促进产品的生产经营，使品牌资产有形化，实现品牌持续发展和品牌价值增值。运营是一个复杂的系统工程，随着商业竞争格局以及零售业形态不断变迁，品牌承载的含义也越来越丰富，甚至形成了专门的研究领域——品牌学。

二、服装品牌识别的要素

服装品牌识别指企业在运营中，从产品、企业、人、符号等层面定义出能打动消费者，并区别于竞争者的品牌符号和品牌联想，与品牌核心价值共同构成丰满的品牌识别。品牌识别意义在于品牌期待留在消费者心中的联想，一个强势品牌必然有丰满、鲜明的品牌识别和品牌联想。规划科学完整的品牌识别体系，品牌核心价值才能有效落地，品牌营销传播有效对接，品牌运营方可达到预期状态。没有一个清晰、丰富的品牌识别，就会处于无差别产品和价格竞争夹击的境地。构成品牌识别要素有以下四个方面内容：

（一）品牌产品识别

品牌产品识别包括产品类别、产品属性、品质、价格、用途、生产地等。产品是核心识别要素的黏合剂，能持续创造差异化的关键点，是品牌的精髓所在。

（二）品牌企业识别

品牌企业识别包括企业特性、企业理念、本地化和全球化等。这是反映企业的战略思想和价值观念，能与竞争品牌形成差异性，能与消费者产生共鸣的核心识别部分。

（三）品牌形象识别

品牌形象识别包括品牌风格、个性、品牌代言人、品牌与顾客间的关系等。这是包括品牌个性、品牌符号的延伸识别特征。

（四）品牌象征识别

品牌象征识别包括视觉、影像、暗喻、传播、品牌历史等。品牌本身所具有的能使消费者体验到的价值属性，包括功能性、情感性、自我表现性的利益方面的价值主题内容。

三、服装品牌的形象设计

服装品牌的形象设计解决的是形象识别问题：即企业形象在最大程度上与其同类品牌进行区分，以及标识在市场上独树一帜让人过目不忘，这就是品牌形象设计的核心。通过设计的手法，帮助企业建立品牌形象，形成自身独特的风格，并持续推陈出新。在企业和市场交付的工作过程中会遇到各种问题，将所有问题的答案以标准化的形式浓缩在一本手册里，我们称为形象识别系统，即VI手册。

服装品牌的形象识别系统（Corporate Identity System，CIS）包括理念识别、行为识别和视觉识别等。理念识别（Mind Identity，MI）是整个识别系统的主导内容和原动力。行为识别（Behavior Identity，BI）是企业识别系统的本质内容，企业理念依赖行为识别才能落实。视觉识别（Visual Identity，VI）是企业识别系统的基础，是实施CIS的重点，是树立品牌形象的关键。

（一）服装品牌理念识别（MI）

MI是企业文化的重要组成部分，要确保企业取得巨大的成绩，就必须创建优秀的企业理念，以增强企业的活力。企业理念是企业的灵魂和支柱，具体内容如下：

1. MI内涵　MI内涵包括企业精神，企业哲学，企业的基本信念、价值标准和职业道德，企业核心价值观等。

2. MI要素　MI要素包括企业文化、企业精神、企业目标、宗旨、经营理念、管理理念等。

3. MI要求　MI要求有实践性、独特性、持久性原则；具有口号化、人格化、艺术化的表达方式。

（二）服装品牌行为识别（BI）

服装品牌行为识别主要包括市场营销、教育培训、礼仪规范、公共关系、公益活动、福利制度等内容，是关于企业人的言行行为规范，使其符合整体CI形象的要求，具有强烈的实践色彩，与企业的业务活动有着密切关系。在后期CI的传播过程中最重要的媒体，不是电视、报纸、电台、杂志等信息载体，而是企业中的人。企业中的人是CI的执行者与传播者，他们在生产经营的过程中，通过自己的行为将企业形象展示给社会、同行、市场、展示给目标客户群，从而树立企业的形象。因此，BI需要企业全员深层次参与，包括企业全体内部与外部的行为规范。

（三）服装品牌视觉识别（VI）

服装品牌视觉识别系统是形象工程中形象性最鲜明的一部分。VI的核心是标志设计。VI的基础设计系统，主要包括标识的规范、色彩的规范、字体设计的规范、辅助图形的设计规范、组合设计规范、吉祥物设计规范等。VI应用系统设计，主要包括办公事务类设计、包装设计、导视系统设计、展示设计、服装设计、交通工具、互联网设计等。企业形象视觉识别系统推广主要有基础要素设计与应用要素设计两大类。

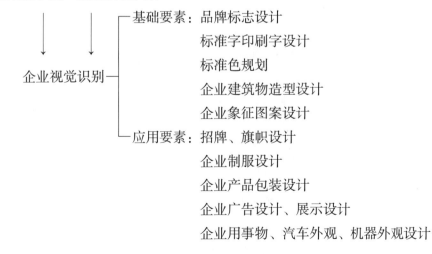

企业理念识别→企业活动识别

企业视觉识别
- 基础要素：品牌标志设计
  - 标准字印刷字设计
  - 标准色规划
  - 企业建筑物造型设计
  - 企业象征图案设计
- 应用要素：招牌、旗帜设计
  - 企业制服设计
  - 企业产品包装设计
  - 企业广告设计、展示设计
  - 企业用事物、汽车外观、机器外观设计

1. 基础要素 基础要素包括品牌名、品牌标志、标志释义、标志制图法、标志的使用规范和色彩规范、中文标准字（横式）、中文标准字（竖式）、英文标准字、中文指定印刷字体、英文指定印刷字体、标准色、辅助色、吉祥图形、标志与标准字组合、标志与基本资料组合、标志与标准字色彩使用规范共16项。

2. 应用要素 应用要素标识系列包括招牌、横式竖式楼顶招牌、立地招牌、公共导向牌、部门标识牌、旗帜、商品吊牌、产品外包装设计方案（手提袋、包装纸、外包装箱、封箱胶带、不干胶贴纸）、工作证、VIP卡、来宾卡、通行证、产品合格证等14项。

（1）应用要素服饰系列：包括企业制服设计、管理人员制服、礼宾服、前台服务员制服、清洁人员制服、保安人员制服、维修人员工作服、运动服、文化衫、雨具、皮夹、皮带头、领带、领带夹等。

（2）应用要素办公用品系列：包括名片、中英文信纸、信袋、信封、传真纸首页、公文纸、便条纸、用款单、付款凭证、报销单、货物流程单、文件夹、档案袋、介绍信、合同书、记事本、笔、电话留言条等。

（3）应用要素广告系列：包括企业宣传册、海报广告规范、杂志广告规范、幻灯片风格、报纸广告规范、企业杂志封面、招商说明书封面、路牌广告规范、公布栏、说明书、企划书、招聘书、互联网主页、E-mail背景风格等。

（4）应用要素旗帜交通系列：包括企业用事物公司旗帜、桌旗、锦旗、横幅布旗设计；汽车外观、机器外观设计轿车、交通车、商务车、运输车等设计。

（5）应用要素环境系列：包括办公楼主体装饰、形象墙、会场风格、垃圾桶、踏垫等。

（6）应用要素零售终端系列：包括专卖店或专柜门面招牌、吊旗设计、专卖店或专柜海报、室内灯箱等宣传品设计及企业广告设计、展示设计等。

（7）应用要素其他用品：包括台历、挂历、赠品类、茶具、纸杯、烟灰缸、意见箱、感谢卡、各式贺卡、卡片封套、请柬、伞架、薪资袋等。

VI识别系统是以图形符号传达企业理念，运用视觉传达方法，借助于视觉符号来刻画企业个性，突出企业精神，提升知名度，塑造品牌形象，从而使社会公众和企业员工对企业产生一致的认同感和价值观，是传达企业理念、企业精神的重要载体。

四、服装品牌运营策划

在服装企业中，策划部的简称就是企划部。策划或企划是为企业理性决策提供按效益化原则设计的方案，规避风险和追求效益最大化。企划广义是为企业的发展战略、品牌战略做实施方案；狭义是为企业的品牌管理、产品开发、广告策略方案和市场管理提出方案。对于品牌文化创建，企划就是品牌运行的参考书。主要内容有服装品牌企划、市场调研企划、市场定位企划、企业形象企划、产品企划、价格企划、营销企划与营销渠道企划、促销企划、广告企划、整合营销传播企划、服务企划和网络营销企划等。

（一）品牌企划

品牌企划包括品牌理念设定和风格定位，如品牌命名、品牌文化、市场定位、品牌档次定位、品牌历史、品牌形象定位、产品风格走向、品牌代言人形象、品牌广告语等。品牌企划的意义在于让品牌有中心思想使品牌有市场属性。

（二）市场企划

市场企划是从品牌市场营销与需求问题出发，通过系统、客观地信息收集和分析工作得出所属市场调研问题的结论，市场调研主要有对现实探究的原始数据收集方法和二手数据收集渠道调研方法，将调查内容，包括环境分析、人群分析、地域分析及实践应用形成结构拼图，形成有效的市场调研报告。市场调研有助于正确识别和把握真正的机会优化市场企划，并为后续产品企划和营销企划做出科学的分析和有效的结论。调研企划的目的就是收集、分析、评价和运用适当的、准确的信息，帮助品牌决策者实现决策、规划、执行及应用活动，提高其理解、适应乃至控制运营的能力。

（三）商品企划

经过市场调研和设计调研，形成一个商品或产品开发的整体思路，以拓展新的增长点。商品企划是以产品和商品为要素的服装总体设计，主要包括时尚趋势与流行预测、商品故事、商品结构、商品内容构架、商品颜色走向、商品亮点、新产品开发、服装品类组合构成、商品搭配方式、商品的波段结构和商品陈列场景应用及商品调配策略应用和价格定位等。将品牌理念体现在产品或商品中，创新产品设计，产品上市确立目标计划和过程安排；能够使品牌产品设计有规划、有布局、有批次、有策略地推出，从而拟定设计策略和撰写设计专案。商品企划使品牌商品有合理结构，能够系列性出货；使商品流程顺畅；也使企业各部门有检视点。

（四）营销企划

服装营销企划，包括品牌的传播方式、广告策划、包装策划、公关策划、促销策划、产品渠道策划等。营销企划是为品牌销售谋划通畅的销售渠道、持续的销售态势和维持产品设计的理想化售价，通俗地讲，就是研究如何能更好地把产品卖掉，并在销售过程中塑造新的品牌形象。因此，营销企划对于品牌运行环节是非常重要的。品牌企划价值在于让企业还未进入市场之前对市场需求做出正确的判断，有效阻止企业不正确的操作投入造成巨大的经济损失，为品牌投入市场提供基础保障。古言有"凡事预则立，不预则废"，说明了策划预案的重要性。

第三节　服装品牌传播

一、品牌传播的概念

服装品牌传播是指企业在每个季节需要"告知消费者品牌信息、劝说购买品牌以及维持品牌记忆的各种直接及间接的方法"。❶品牌传播是提高品牌知名度、培养消费者忠诚度的重要手段和方式。利用各种有效发声点，找到并影响或打动潜在消费者的推广方式，也是推广品牌形象和个性强有力的工具和主要途径。

二、品牌传播的目的

品牌传播是发挥创意的力量，运用媒体新闻网络为企业产品宣传品牌形象品牌信息进入消费者的意识。传播这一环节的目的就是让消费者对产品的效用、品质有进一步的了解；对产品的定位和产品的特定目标市场，品牌文化和品牌联想的建立等都通过传播来完成。因此，持之以恒地向目标消费者传达品牌信息，在品牌、媒体、传播内容、受众等构成良性的循环往复的过程，这是不断地提升品牌的核心价值和竞争实力，是品牌保持活力的根本。

三、品牌传播的方式

服装品牌常用的传播手段有以下几个方面。

（一）服装广告传播

媒体新闻电视网络作为一种现代广告主要的传播手段，是指品牌所有者以支付费广告费方式，委托广告经营部门通过传播媒介，以推销其产品为主体的策划创意广告方式，对目标受众所进行的以品牌名称、品牌标志、品牌定位、品牌个性、品牌产品

---

❶ 上海自贸区"跨境通"将上线：首试跨境电子商务. 中国新闻网. 2013.10.07.

等为主要内容的宣传活动。是以大众为对象无差别的传达信息，运用广告语、文字、图像、视频、音乐、色彩等方式综合传达品牌信息（图7-2）。媒体广告需要有优秀的广告创意、独特的设计特点、合理的表现形式、恰当的传播媒体、最佳的投入时机、完美的促销组合等诸多方面的结合要素。在传播技术得到革命性变更的今天，新媒介的诞生与传统媒介将共同打造一个传播媒介多元化的新格局。

大众传播媒介如出版物，各种期刊、报纸、海报、户外招贴、宣传画、广播、路牌、车体、灯箱等品牌传播的媒介，它们虽然属于传统的传播方式，但魅力犹存。在繁华街区道路两边、购物中心的超大屏幕，广告灯箱比比皆是，地铁站、公共汽车站、高铁站、飞机场等都是品牌资讯信息来源地。任何从商业街区走过的人即使他对时装漠不关心，即使他一路不进商店，也会自然而然地留下品牌的时装印象。譬如，机场单立柱、公交电视广告、LED大屏广告、媒体广告、机场高速广告等，还有邮寄广告、出租车、公共汽车车身等（图7-3、图7-4）。

（二）时装周和博览会

时装周、时装展会、服装秀都是以新产品发布为核心的动态与静态展示的专业活动。时装周举办期间一般都汇聚了时尚圈，包括模特、设计师、名流明星、摄影师、化妆造型师、秀导、经纪人、媒体以及舞美和服装院校等相关行业和机构，是时尚界最主要的年度盛会，一般都在时尚文化与设计产业发达的城市举办。

1. 时装周（Fashion Week） 1858年，世界上第一个时装展在巴黎举办，由法国时装协会主办。于1973年提出巴黎时装周（女装成衣大秀）的概念，

图7-2　服饰产品广告

图7-3　服饰招贴广告

图7-4　机场地铁路牌服装广告

每年有六届时装周，分别有高定时装周、成衣展和男装展三大类，又分春夏展和秋冬展。巴黎时装协会，扶持来自巴黎乃至全世界新锐时尚设计师和设计师品牌，展示他们下一季的流行趋势和各类品牌的时装秀。

全球主要有四大时装周，各有不同特点。例如，法国巴黎时装秀国际性强，扶持世界各地的设计师为特点，是人义的、异彩纷呈的时装展示；美国纽约时装周更多的是商业信息；英国伦敦时装周更多的是思想和前卫的信息；意大利米兰时装周更多是技术与技巧的展示等。这些时装周展会，以其权威的流行发布，集中地展示设计师品牌和参展商的流行产品，诠释他们对流行的概念和认识，由于参展商在行业中的先锋地位和展会上巨大的贸易成交量，在很大程度上左右着国际某一地区的市场流行（图7-5）。

图7-5　巴黎时装周迪奥2020发布会会场

2. 中国国际服装服饰博览会（CHIC）　CHIC创办于1993年，由中国服装协会、中国国际贸易中心股份有限公司和中国国际贸易促进委员会纺织行业分会共同主办。时装周每年两次，一般在3月的春夏和10月的秋冬举办。近20年来，伴随中国服装产业的发展而不断壮大，已成长为亚洲地区最具规模与影响力的服装专业展会。目前，国内最具影响力的是北京中国国际时装周，此外，上海国际时装周、深圳时装周、香港国际时装周等也享誉国内外（图7-6）。

服装品牌也有自己的时装表演，即品牌产品发布会。作为面向客户的商业性订货发布会是以推销服装产品为目的而举行的商业性服装表演，代理商和消费者通过观赏时装表演，能够对品牌将要流行的服装趋势、产品特征和主题搭配有一种直观的了解，在审美观念上产生应有的共鸣，对品牌产品订单和销售起到一个引导消费的作用（图7-7）。

图7-6　中国国际服装服饰博览会会场

图7-7　杨子时装品牌发布会

■ 第四节　服装品牌营销

人类的经济活动是从有了满足自己需要之外的剩余产品开始的，按自己的理想实现交换，使自己的劳动价值得到社会的承认，从而使自己的需求也能得以满足。市场营销的理论和实践，就是这一概念的延续。

市场营销学是研究同实现交换有关的需求、市场、环境、战略与策略等方面问题的学科，是在创造、沟通、传播和交换产品中，为顾客、客户、合作伙伴以及整个社

会带来经济价值的活动、过程和体系。

一、服装品牌营销的类型

（一）源自法国的以风格设计为导向的市场营销

这种类型的市场营销强调创造性，以设计为中心，营销只是一个销售功能。运用这种营销手法，品牌必须通过自己强有力的设计能力，构成一个独特的设计风格，然后利用种种营销技术与手段使之得到市场的认同，进而完成企业的销售与长期发展的目标。这种类型强调设计师个人风格对服饰发展的理解，其市场有限，主要用在高级时装领域。

（二）源自美国的以需求分析为导向的市场营销

这种类型的市场营销强调以市场需求分析营销为中心，产品设计只是一个开发功能。运用这种营销手法的品牌必须有详细的市场分析再提出产品开发要求，这就要投入大量人力物力与财力。对市场进行调查与分析，了解市场的最大需求，并为此开发相应的产品，它的评价标准是产品被市场接受程度或利润水平。重视市场分析的作用，同时重视独特的服饰设计作用，这样才能避免与各个竞争者生产雷同的产品，而丧失企业自己的品牌与产品的独特性。

（三）以风格设计与需求分析混合导向的市场营销

将合理性与创造性结合起来，在准确市场定位的基础上，分析目标市场的需求，在大众产品组合与流行产品组合中间寻找平衡。这种营销手法要求品牌设计部与市场部通力协作，设计师能认识到市场营销技术在充实创造性的风格设计过程中的作用，营销人员也要认识到创造性的设计能更好地满足消费者的需求。

二、服装品牌的销售渠道

（一）销售渠道与分销网络

将产品或服务从生产厂家转移到最终消费者的过程中所包含的一系列机构所构成的组织链，就是产品的销售渠道。由一系列销售渠道所构成的销售渠道网络，为产品的分销系统。随着商品力水平越来越相近，流通力的重要性会越来越大。销售渠道的设计和代理商的选择，各种销售渠道之间的关系协调及分销网络良好运营，是保证企业的产品能迅速送达市场，最终到消费者手中的关键；保证这种产品的转移费用最低，保证这种产品的转移能被企业所控制，这都是销售渠道链的管理内容。

（二）流通渠道类型

1. 直营店型 直营店由同一个品牌承担生产商、批发商、零售商三种职能，自产自销，直接面对消费者。也就是直营店是由厂商在直营店直接向消费者进行销售的形式，由厂商全部承担批发零售的职能。

2. 加盟店型 加盟店指那些专门经营销售特定品牌服装的商店，这些商品是同一个品牌的商品，或者是一个系列专门的商品。加盟就是一个品牌将服务标章授权给加盟主，让加盟主用加盟总部的形象、品牌、声誉等，总部也会先将本身的经验教授给加盟主，协助创业与经营，双方必须签订加盟合约，事业获利为共同的合作目标。

直营店和加盟店是消费终端的两种主要构成模式，直营店是由厂家直接开设的，而加盟店则是厂家招募的利益共同体。

（三）代理店型

凡是销售的产品不是自己生产的就叫作代理销售或代理店型；凡不是自产自销的，销售转交他方完成的都可以称为代理销售。这个概念可涵盖很多环节，比如经销商、代理商、专卖店等。代理店型可以是购买产品组货贴牌代理销售，也可以是组织生产组货贴牌的代理销售模式。

三、服装品牌零售渠道的类型

（一）商店型零售业（主要业态）

1. 品牌零售店 品牌零售店一般是在一个大建筑物内，根据不同商品部门设销售区，采取柜台销售和开架面售方式，是满足顾客追求生活时尚和品位需求的零售业态（图7-8）。

2. 品牌专卖店 品牌专卖店是服装生产企业商自开的服装商店，主要销售自有服装品牌的店铺。专卖店通常是由生产商或与生产商有亲密关系的公司创办经营的，目的不仅是获取利润，而且宣传自己的服装品牌形象。专卖店只卖自己品牌的服装，所以在产品开发款式、颜色、型号都配齐色齐码，以满足目标群消费者需求（图7-9）。

3. 多品牌服装店 多品牌服装店也称设计师品牌店或买手店。"多品牌集成大店模式"正成为鞋服品牌进行渠道变革、巩固自身竞争优势，寻求业绩新的增长点的方式，如图7-10所示。

4. 量贩自选型专卖店 量贩店是指"大量批发的超市"。"量贩"一词出自日本，原指"超市""自选自助"，其特点是按实际的需求量配以合理的价格。量贩式核心内涵有两个方面：一是容量大；二是自选自助，它兼具大型零售市场与专业批发市场和

便民连锁店的某些特征，但又与这些经营方式有所不同，量贩店的优势主要在于价格低廉（图7-11）。

图7-8　品牌零售店

图7-9　品牌专卖店

图7-10　多品牌专卖店

图7-11　量贩自选型专卖店

5. 超级市场 超级市场也称"自选商店"。实行敞开式售货，是顾客自我服务的零售商店。一般出售包装统一化、规格化的商品。在服装商品上标有吊牌、品名、货号、售价、材料成分等，服装按品种色彩系列敞开陈列在货架上，任顾客自选自取，并备有推车和提篮供顾客使用，顾客选货后在出口处付款。20世纪30年代，美国首先采用这种销售形式。第二次世界大战后，世界许多国家相继开办了这种商店。出售的商品开始是以食品为主，以后向日用百货、服装、衣物、家用电器、家具等方面发展，规模不断扩大。主要优点是因顾客可直接触摸商品，容易诱发其购买动机，从而加速商品流通，增大商品销售额，提高零售商业的功能；因不设售货员和减少其他工作人员，可降低流通成本费用，增强商品竞争能力（图7-12）。

6. 服装集市 集市是指定期或在固定地点买卖货物的市场，或定期聚会交易的市场。开始于菜市场，后来发展服装百货等用品和易耗品等低档次货品，为集市附近的居民服务。服装集市一般价格低廉，质量一般（图7-13）。

7. 折扣卖场 折扣是按原价给予买方一定百分比的减让，即在价格上给予较大的优惠。折扣卖场以销售自有品牌和周转快的商品为主，限定销售品种，并以有限的经营面积、店铺装修简单、有限的服务和低廉的经营成本，向消费者提供"物有所值"的商品为主要目的的零售业态（图7-14）。

8. 快闪店 快闪店是一种不在同一地久留的品牌"游击"店，指在商业发达的地区设置临时性的铺位，供零售商在比较短的时间内推销其品牌，抓住一些季节性的消费者。这类业态的经营方式，往往是事先不做任何大型宣传，到时店铺突然涌现在街头某处，快速吸引消费者，经营短暂时间，旋即又消失不见。在海外零售行业，尤其在时尚界被界定为创意营销模式结合零售店面的新业态，视为短期经营的时尚潮店（图7-15）。

图7-12　超级市场

图7-13　室内、室外服装集市

图7-14　折扣卖场

图7-15　快闪店

（二）非商店类零售业

1. 邮购　邮购是指通过邮局以邮寄商品目录、发行广告宣传品，向消费者进行商品推介展示的渠道，引起或激起消费者的购买热情，实现商品的销售活动，是通过邮寄的方式将商品送达给消费者的零售业态。顾客根据商店的订货单或广告，将所需购买商品的数量和款项用信函汇寄给商店，商店接到订函和汇款后，即将货物连同发票邮寄给顾客。这种方式可以节省顾客往返时间和费用，便于远距离顾客的购买。邮购也叫直邮目录购物，简单地讲就是通过邮递的行为将商品送达消费者手中的过程，这是早期的传统订单邮购。

2. 电子商务　电子商务是指以信息网络技术为手段、以服装商品交换为中心的商务活动；也可理解为在互联网、企业内部网和增值网上以电子交易方式进行交易活动和相关服务的活动，是传统商业活动各环节的电子化、网络化、信息化。以互联网为媒介的商业行为均属于电子商务的范畴。

3. 电视购物　电视购物是消费者购买商品的一个重要渠道，商家通过这种方式，向电视机前的广大的消费者提供产品以及配送服务。中国1992年于广东省的珠江频道播出了中国大陆第一个购物节目，1996年第一个专业的购物频道北京BTV开播，电视购物中销量最大的商品种类是生活用品、首饰和服装用品（图7-16）。

4. 自动售货机　自动售货机是一种能根据投入的钱币自动付货的机器。自动售货机是商业自动化的常用设备，它不受时间、地点的限制，能节省人力、方便交易。是一种全新的商业零售形式，又被称为24小时营业的微型超市。常见的自动售卖机有饮料自动售货机、食品自动售货机、综合自动售货机、化妆品自动售卖机（图7-17）。

图7-16　电视购物

图7-17　饮料、雨伞、报纸、食品等自动售卖机

第五节　服装品牌买手

中国服装品牌蓬勃发展是从改革开放后开始的，对于服装品牌买手这种新兴职业的起步自然比较晚。与国内时装品牌短暂的发展历程相比，欧美发达国家的时装品牌发展历史悠久，服装买手的产生也较早。买手的概念源于美国购物商场的代购服务体系，买手最主要的功能是帮助客户进行商品的采购，同时对所采购的产品质量担负责任。买手充当是设计师与生产商的联络枢纽的人，在现代的商品营销活动中扮演着重要的角色。

一、买手概述

买手往返于世界各地，时时关注最新的流行信息，掌握一定的流行趋势，手中掌握着大批量订单，普遍是以服装、鞋帽和珠宝等基本货物不停与供应商进行交易，组织商品进入市场，满足消费者不同需求。买手对货品及市场反应需要非常敏感，每一个买手对所购买的商品、品牌以及市场反应有高度的预见性，知道在什么时间、什么价位购入哪些商品，然后在什么时间、采用什么方式、以什么价格将这些商品卖出去。他们对市场非常了解，对时尚行业的运作非常熟练，对什么样的货品会有良好的回报胸有成竹。所以，一个优秀的买手一定是这个行业的专家。

在中国近似于买手的职位是跟单或采购，但是这两种职业仅仅是在做买手工作的一小部分而已，可以说国内缺乏职业的服装买手。优秀的买手具备这样的共性：时刻关注时尚信息，对潮流有敏锐的"嗅觉"；具备服装专业知识，能迅速而准确地挖掘时尚热点；能承受高强度的工作，频繁奔波于世界各地挑选货品，精通服装搭配，擅长商务谈判和人际沟通，这是买手必须具备的素质。

二、服装品牌买手分类

（一）自有品牌型买手

自有品牌型买手合作的供货单位基本以工厂为主，自有品牌通常有自己的设计师。理论上来说，设计师从买手这里获得了商品企划书后才开始设计的，因此他们的具体设计方案应该是紧跟着商品计划的，包括款式、成本及上市时间。但是设计师最容易忽略的是成本问题，因此，买手在设计阶段要和设计师跟进其开发进展。重点看进展是否按时进行，所使用的面料费用多少，以及是否在合理预算内等问题。当产品进入生产阶段后，工厂要和买手确认报价是否可接受。这一类型的买手，需要具备服饰类产品的技术背景，对面料、辅料及加工厂的市场行情有所了解。即使不做具体的成本控制，买手也应该对产品有基本技术认知和对产品性价比的鉴别能力。

（二）品牌经销商型买手

知名品牌公司达到一定市场规模并且在市场上有影响力时，企业在扩张中必会引入自己的经销商。要成为他们的经销商，采购他们的商品，程序相对较为复杂，与知名品牌公司合作，涉及部门及人员很多，人际沟通成本很高。如果是国际知名品牌，有时候品牌代理权并非品牌在当地的公司决定的，还要报备全球或者亚太区总部。对于这样的公司，买手在货源与采购权方面的决定权相对小许多。品牌代理合同条约通常由老板决定（除非你自己是老板），通常买手只负责具体订货。在进货成本，交货期方面，买手的影响力很小。

（三）独立设计师品牌型买手

在中国经营独立设计师品牌的买手店经过近10年的发展，现在已经初成气候。根据RET睿意德2014年发布的《中国买手店研究报告》，中国买手店在2010年后迎来数量的激增。这些经营独立设计师品牌的买手店推动了买手在时装业的地位变化。在买手店充当买手角色的，有的是老板本人，有的是专职买手。这种独立设计师品牌型的买手，通常有较大的权力，他们通过自己的审美和态度，在市场上进行差异化的竞争。他们一般具备能力找到渠道，有较多的资源，能联系到国内外知名或是新锐的优秀设计师，并能和他们进行合作沟通与洽谈。

三、服装品牌买手的工作内容

（一）了解时尚潮流，预测新季度的流行趋势

现代市场商业环境千变万化，职业买手第一件事就是需要通过各种途径去了解时尚潮流，并能预测下年度或下季度的流行趋势。专业买手既要讲究严谨的工作原则，又要能够不断适应市场的频繁变化；需要对时尚有高度热情，又能够客观冷静地分析市场需求，并对市场的变化做出快速反应。

（二）与供货商谈判，并控制进货成本及货品质量

买手涉及的相关部门很多，包括设计部、生产部、销售部、财务部等，又要经常同外部的供应商打交道，所以需要具备很好的协调、沟通与谈判能力。谈价是考验买手本身对市场行情的认识，特别是对面料品质、工艺品质的认识。在商业谈判报价方面通常有个来回谈判的议价过程。掌握谈判技巧，需要买手在平日多阅读行业资讯，了解常用面料，辅料的市场行情；多去商场看看同类竞争品牌的产品；多参加行业贸易展会；多去些服装加工厂，了解服装的制作流程、行情，控制进货成本和货品质量。

（三）提供商品计划，为设计部门提供新一季度设计方向与商品需求表

商品企划既需要对时尚有感性认知，也需要有良好的数字分析能力；商品企划是在充分市场调查的基础上产生的。经过市场调研和设计调研，形成一个商品或产品开发的整体思路，以拓展新的增长点。跟踪销售数据做数据分析，为新一季度采购商品样品，并根据销售财务预算来制定货品采购预算。

思考与练习

1. 简述服装品牌的价值。
2. 谈谈未来服装的销售。

服装设计与现代科学技术

第八章

课题名称： 服装设计与现代科学技术

课题内容： 1. 服装电子商务

2. 计算机辅助服装设计

3. 服装数字化管理

4. 科技元素与服装设计

课题时间： 4课时

教学目的： 通过本章学习，使学生能够认识服装设计与现代科学技术的关系，了解计算机技术在提高和促进设计、制造、销售和管理方面的作用，以及它在效率、质量等方面对传统工作方式的促进和变革。

教学方式： 课堂讲授、课堂提问、市场调研。

教学要求： 掌握计算机辅助服装设计的本质特征，认识电子信息辅助设计以及科技面料在服装业中应用的重要性。

课前（后）准备： 课前可根据知识点预习，课后完成思考与练习。

人类历史上产业升级，都基本按照农业—纺织业—电气产业—信息产业的逻辑与脉络，而且前次产业升级是后次产业升级的基础条件。随着信息技术与传统技术相结合，信息技术被广泛运用于服装和纺织品设计，越来越多的计算机技术运用于服装产业，信息技术已经逐渐渗透到设计、生产、管理、销售的各个环节。古往今来，生产衣料的每一次科学技术的革新，每一种新面料的问世，都给服装开拓一条新的途径。例如，古代提花机的发明，使当时的服装面料质地大为改观；西欧近代的产业革命，使面料的大量生产成为可能，进而促进了服装的大变革。特别是现代科学技术高度发达，将传统服装产业与互联网和大数据结合，新的面料不断问世，这使服装的流行速度加快。计算机技术、大数据的广泛应用促进了设计、制造、销售和管理能力的提高，这种能力的提高，不但体现在工作效率和工作质量方面，更体现在先进的计算机技术对传统工作方式的促进和变革方面。

从计算机科学的角度看，人们从需要到产生思想、再把这种思想变成实物，这一设计和制造的过程实质是信息处理、交换、流通、营销和管理的过程。服装电子商务、CAD（设计）、CAM（生产）、MIS（信息管理）分别代表了销售、设计、制造过程各个分散的自动化子系统。通过计算机网络、图形处理和大数据库技术，把服装企业的设计、生产与销售及管理有机地结合起来，同时也把服装企业与最终的消费者紧密地结合起来。

第一节　服装电子商务

所谓电子商务（Electronic Commerce）是利用计算机技术、网络技术和远程通信技术实现服装网络营销。在服装销售活动中实现整个商务（买卖）过程电子化、数字化和网络化，电子商务是解决服装业信息化实现快速反应的主要技术基础。电子商务还有其他的名称，如电子商业、网络贸易、Internet商务、Web商务、Web购物等。

一、服装电子商务的定义

服装电子商务主要是指通过电信网络进行服装生产、营销和疏通活动。它不仅基于互联网上的货物贸易，而且发展到利用电子信息技术来解决问题、降低成本、增加价值和创造商机的服装商务活动，具体包括通过网络实现从原材料查询、采购、服装产品展示、订购到服装产品储运及电子支付等一系列的贸易活动。

服装电子商务的基本原理主要通过是服装B2B电子商务模式、服装B2C电子商务模式、物流管理及服装网络市场进行交易贸易。

二、电子商务的优势与发展

服装电子商务，通俗地说就是传统型服装生产型企业通过建立电子商务网站，实现由传统的线下销售转为线上销售的方式。网络相比传统商店，具有无法比拟的优势：网上产品丰富，同样的商品，价格能优惠很多；很便捷，快递公司能送货上门。中国快速发展的电子商务正在迅速影响着人们的生活方式，网络的普及带来了网购热潮，快速影响着年轻人的消费方式，同时也影响着中国经济。

中国的电子商务经历了三次大的发展机遇。第一次是2003年的"非典"，当时人们必须远离公共场所而促使电子商务发展。第二次是2008年爆发的金融危机，买家为了省钱选择网上购物，许多企业也通过网络来扩展销售渠道。第三次是2020年新冠肺炎的影响，突如其来的新冠肺炎疫情打乱了企业和商家的商业计划，却催化了"云端"的新机遇。在直播电商、电商助农等新业态拉动下，下沉市场重新展现活力，网络消费正呈现"农货向上、外贸向内"以及线上线下融合加速的趋势。网络购物日益成为越来越大众的消费行为，网络市场的巨大潜力吸引众多品牌企业。其中，传统服装行业在电子商务这一新型销售渠道中更呈井喷式发展。随着电子商务化的不断发展，国际品牌服装也逐渐重视网购市场的广阔空间。电商的新趋势已经从单纯的线上创新转向线上和线下互动的创新，消费互联网正在推动产业互联网加快发展，未来制造业和服务业将向"智造"产业和现代服务业转变。新网购模式正在兴起，通过网红直播、自建电子商贸及社交媒体内的商业社区销售，显示出电子商贸渠道在中国零售市场的重要性和影响力。

三、电子商务交易过程的阶段

1. 信息交流阶段　服装企业将本季产品信息发布出来公之于众为信息交流阶段，组织自己的商品信息，建立网页，或加入影响力较强的网站，让尽可能多的人了解自己的产品和公司。对于消费者来说，此阶段是去网上查找自己所需的信息和商品，通过网络上琳琅满目的商品信息，选择信誉好的商家。

2. 签订商品合同阶段　作为企业对商家（代理）来说是签订合同，完成必需的商贸票据的交换过程，要注意数据的准确性、可靠性。作为商家对个人消费者来说，这是完成购物过程的订单签订过程，顾客要将选好的商品、自己的联系信息、送货方式、付款方法等在网上签好后提交给商家，商家在收到订单后发邮件或电话核实上述内容，按照合同进行商品交接，完善物流配送系统，选择方便、安全的资金结算方式。

3. 资金结算阶段　这是关键阶段，不仅要涉及资金在网上的安全到位，同时也要涉及商品配送的准确、按时到位。在这个阶段，有银行业、配送系统的介入，在技术、法律、标准等方面有更高的要求。网上交易的成功与否就在这个阶段。由此可见，电

子商务是指对整个贸易活动实现电子化。

发展前景与未来电子商务的要点包括：电子商务企业将与供应商及客户全面联网，让用户使用电视、智能电话，甚至汽车上的仪器取得所需资料，可以随时随地获得信息。现代化的开发环境为纺织服装企业提供一流的服装整体数字化解决方案，如大型外部设备、绘图仪、数字化仪、摄像仪、投影仪、切割机、服装CAD、服装信息管理系统软件CAD、CAPP、CAI、ERP、PDM、三维服装CAD、服装电子商务系统等。服装服饰品牌或企业加入电子商务，建立商务网站，采用E-Business电子商务系统技术，使之具有电子商务功能，信息发布、企业形象展示、企业产品信息展示、实现物流、资金流的全数字化和功能化，实现网上合同、网上支付、网上物流等数字贸易以及线下服务咨询和培训等，这是一种全新的第三代的电子商务环境。这些事实为服装企业提供一个属于自己的行业贸易平台，电子商务环境与模式也是服装服饰行业的新的发展和新的目标。

第二节　计算机辅助服装设计

设计自动化与信息技术在服装企业的应用主要包括：计算机辅助设计系统（CAD）、计算机辅助工艺设计或称数控加工自动编程（CAPP）、计算机辅助制造或辅助生产计划（CAM）、计算机集成制造系统（CIMS）、管理信息系统（MIS）、企业资源规划（ERP）、供应链管理（SCM）、客户关系管理（CRM）等。CAD属于产品设计自动化系统，CAM和CAPP则属于工艺设计自动化与计算机辅助设计和辅助制造一体化系统。

CAD原本是英文Computer Aided Drafting（计算机辅助绘图）的缩写。随着计算机软、硬件技术的发展，人们逐步地认识到单纯使用计算机绘图还不能称为计算机辅助设计。真正的设计是整个产品的设计，包括产品的构思、功能设计、结构分析、加工制造等。二维工程图设计只是产品设计中的一小部分，于是CAD的缩写也由Computer Aided Drafting改为Computer Aided Design（计算机辅助设计）。CAD的概念不仅是辅助绘图，而是整个产品的辅助设计的系统工具（图8-1）。

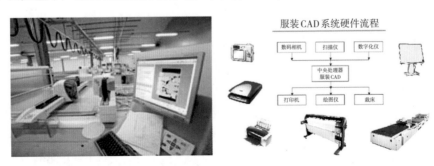

图8-1　服装CAD系统

一、计算机辅助服装款式设计

目前服装CAD技术在二维图形设计中已十分完善，例如，在辅助服装款式设计模块，将设计师创造过程都搬进了屏幕。电子感压笔代替了鼠标输入使设计师摆脱了鼠标的束缚，模块通过提供多种线型又使得设计师可以自由地选择他所熟悉的设计工具，如箱头笔、炭笔、水彩笔等，而其他复制、修改、删除、资料管理等功能是计算机的长处，通过编排和功能项目的选择，设计师可以把面料、图案、款式图设计集于同一屏幕，组成款式系列。通过款式资料的管理，设计师既可以根据原有的设计图进行再创作，也可以把新的构思绘制下来，使这一季服装与上一季服装有所变化，同时又保持风格的连续性。

时装设计师侧重于服装的廓型和色彩的设计，因此服装的效果图和款式设计是没有包含确定的尺寸数值。服装设计效果图的表现一般使用Photoshop，Painter以及其他软件，运用服装CAD辅助款式设计软件系统，可以细致表达材料的特点与质感，通过效果图的氛围处理，更换面料、色彩、细节款式等，就能快捷地看到设计师构想的多种不同画面效果。设计师对款式设计模块的评价侧重于它模拟自由设计空间的程度和图形运行的速度。著名服装品牌KENZO的设计工作室选择了法国力克系统的设计模块，BOSS、Escada等公司选择德国Assyst系统。在国内，计算机辅助设计也越来越成熟，如Arisa、日升、爱科等。

现代科技的发达产生了计算机试衣系统，具有丰富完善的试衣服装库。试衣款式分有男西服、男时装、女时装、女套装、职业装、华服、童装等类型。试衣面料分有针织、机织、真实细腻的印花等类型选择；还可以将真实面料扫描到计算机，供挑选使用。在试衣系统中，可以将选好的款式利用布料库的布料做自动切换，可以随意更换服装颜色、款式、面料等，一改过去买衣服试衣服的麻烦，现在只需输入人的身高和三围尺寸或者用数码相机将人像输入系统，就会弹出与你身材等同的模特，只用鼠标点击就可以试穿所有销售的服装，并任你搭配组合，极大地满足了商家和消费者的需要，具有直观、快捷地选款选样的特点。"试穿"完毕后，可以将自己购买的衣物集中浏览再次确认（图8-2）。而商家则对你选择确认的服装款式、型号、颜色、销量预测等情况做出汇总分析，不仅提高经营效率，而且对公司的货物情况做到心中有数，把握消费的流行趋势。

图8-2　服装3D试衣系统

二、计算机辅助服装结构设计

服装结构设计模块，包括样板设计、推档和排料功能。结构设计人员从服装款式图中分析款式要点，确认服装款式的号型尺码及各部位尺寸比例关系后进行结构的设计。服装CAD作为专业软件，当你输入了尺寸数字后能够自动生成衣片、领片、袖片、省道、省道变化处理等，可根据效果图和款式图三维展开、二维制图的设计理念，给予多种方式的板型编辑。

CAD辅助结构设计中，有推档放码和智能化排料功能。推档放码系统有几种方法：使用点放码，通过对各种点的水平和垂直推移来完成衣片的缩放；使用线放码，通过对衣片模拟的剪切展开来实现衣片缩放；使用公式放码，利用差值分配方式计算来完成缩放。而且一次性可完成数十个不同型号、不同档差的缩放板型工作，并可以用测线、测距、假缝，以任意点作放码基准点等手段及时进行纸样校验，大幅提高手工操作的难度，也避免手工操作容易出现的误差（图8-3）。

CAD辅助结构设计不仅拥有多种推档方法、推档功能，还具有裁片交互或自动组合的排料功能、估料功能，可以自动显示排片信息、排料报表等，保证排片的准确性。现在自动排料系统与手工排料结合使用，可以精确地控制裁片重叠、间隔、旋转、分割、替换、复制等，最大限度地节约用料（图8-3）。

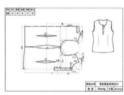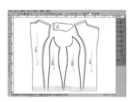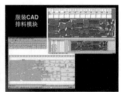

图8-3　服装CAD纸样制图、放码、排料系统

三、计算机辅助服装制造

CAM（Computer Aided Manufacture，计算机辅助制造）系统包括CAPP（辅助工艺设计）、NC（数控技术）和FMS（柔性制造技术）。服装CAM系统的主要功能是利用服装CAD系统的衣片设计与排料的数字化信息直接与自动生产制造系统联机作业，制成NC（数字控制）加工指令，控制自动生产制造系统，即目前服装企业应用较广的衣片自动裁剪机以及样板自动裁割机。CAM可以完成自动生成部件加工的数控代码，进行加工过程的动态模拟检查，实现由记录在媒体上（加数控拨盘、孔纸带或磁带）的数字信息对机械设备实施控制，使它自动执行规定的加工过程。数控加工的实现使CAD和CAM集成起来，使之向更高阶段发展，生产自动化是缝制行业发展的必经之路。

应用于服装CAM的主要设备有：控制布面疵点检查设备、铺布机、裁床、电脑缝纫机、熨烫机和吊挂系统的自动化运作。法国力克系统、美国格柏系统、西班牙INVESTRONICA和日本重机都是以提供先进的CAM软硬件而闻名。力克系统的CAM由照相机把面料图案直接送到裁床控制屏幕上，在处理对花、对格布纹时，把不规则、弯曲线和斜纹等因素考虑在内，自动完成由CAD排版模块直接输出的排版信息，使裁剪的衣片轮廓线覆盖到屏幕的同一织物图片上；裁剪过程中自动完成对应衣片的标识，确保衣片在缝纫时与对位点相对应，并控制输送带式的裁床完成自动裁剪的全过程（图8-4、图8-5）。

图8-4　服装纸样自动切割

图8-5　自动拉布机

服装CAD是将人和计算机有机地结合起来，最大限度地提高服装企业的"快速反应"能力，在服装工业生产及其现代化进程中起到不可替代的作用。主要体现在提高工作效率、缩短设计周期、降低技术难度、改善工作环境、减轻劳动强度、提高设计质量、降低生产成本、节省人力和场地、提高企业的现代化管理水平和对市场的快速反应能力等方面。

■　第三节　服装数字化管理

现代服装企业的管理是运用MIS系统管理（Management Information System的简称）。MIS系统集中了信息技术与先进的管理思想于一身，成为现代企业的运行模式，最大化地创造社会财富的要求，成为企业在信息时代生存与发展的基石。

MIS技术实质上是数据库管理技术，主要记录企业的各种信息和大量原始数据、支持查询、汇总等方面的工作。一般包括生产计划与管理、营销计划与管理、采购管理和财务管理等功能。MIS系统与CAD、CAM系统功能通常并不直接联系，但服装企业又通过MIS系统实现对生产的管理和控制。当计算机逐步替代人的工作，只有少数工

作人员完成企业运行时，MIS技术与CAD、CAM技术的集成就显得刻不容缓。在服装企业运行中，人的管理相当复杂和困难，将一些机械化、标准化的工作交给计算机完成，可以减轻管理的复杂程度。MIS计算机辅助服装管理包括计划管理、物流管理和服装数字化管理。

一、计划管理

管理系统ERP（Enterprise Resource Planning）是对制造业企业的生产资源进行有效计划的一整套生产经营管理计划体系，是一种计划主导型的管理模式。在ERP集成化管理信息系统中，覆盖了客户、项目、库存、采购、供应、生产等现代企业管理的运行模式，包括订单管理、销售管理、生产管理、项目管理、库存管理、财务管理、人薪管理和客服管理等。通过将企业的各种制造资源和企业生产经营各环节实行合理有效地计划、组织、控制和协调，优化企业资源为企业达到资源效益的最大化。

ERP系统应用的价值在于：

（1）建立服装企业的管理信息系统，支持大量原始数据的查询和汇总。

（2）借助计算机的运算能力及系统对客户订单、在库物料、产品构成的管理能力，实现依据客户订单或销售报表，按照产品结构清单展开，并计算物料需求计划，实现减少库存、优化库存的管理目标。

（3）在企业中形成以计算机为核心的闭环管理系统，使企业的人、财、物、供、产、销全面结合、全面受控、实时反馈、动态协调、以销定产、以产求供，降低成本。

二、物流管理

供应链包括供应商、制造工厂、分销网络、客户等环节，SCM物流供应链管理系统（Supply Chain Management）是对供应链上"物流""资金流""信息流""增值流"和"工作流"的管理。物流管理是以PDM软件为基础来管理所有与产品相关的信息（包括电子文档、数字化文件、数据库记录等）和所有与产品相关的过程（包括工作流程和更改流程）的技术等，它提供了产品全生命周期的信息管理，并可在企业范围内为产品设计和制造一个并行化的协作环境。

服装企业使用MIS技术，必须结合企业自身的特征。通用商务软件通常缺乏针对性。许多商务软件公司针对服装企业的特征提供了专门信息管理系统。这一"超越"正是目前服装业计算机软件技术的发展方向之一。应用需求和硬件平台的发展是推动计算机技术前进的原动力，是促进各个领域快速发展的基础，新的制造技术和管理方法将使服装这一传统行业获得新的发展并做出新的贡献。

三、服装数字化管理

服装产业的大数据中数字化设计就是通过数字化的手段来改造传统设计产品的技术，是基于计算机技术和网络信息技术、支持产品开发与生产全过程的设计方法。

自20世纪50年代起，CAD/CAE/CAM/CAT等开始出现并逐步得到应用，标志着数字化设计的开始。设计数字化的基础是产品建模，主体是优化设计，核心是数据管理。因此，服装数字化主要内容包括以下三点：

1. 服装人体数字化　服装人体数字化是用移动终端互联网的方式，不通过任何的扫描设备，将人的净尺寸和三维模型以及面部复原到手机里，称作服装人体数字化。其复原的人体数字的精准度一般在±2厘米范围内，这个2厘米对于服装的尺寸基本上是能达到的，适应于产业应用。

2. 服装产品数字化　服装产品数字化就是把没有生产出来的服装通过数字化板块的工作把这件服装模拟、生产、制作出来，实现产品建模，并且在手机端得到显示。在互联网平台实现的产品数字化技术分有四个板块。

（1）**面辅料的物理属性参数化**：包括面辅料的纤维成分，织物结构组织，面辅料的经纬密度、克重，染色及面料的悬垂性和手感等，三维模拟及仿真技术涉及纺织材料结构力学、计算机图形学、计算力学等多方面的交叉内容等。

（2）**CAD纸板数字化**：改善设计精度，减少设计、加工过程中的差错，缩短了产品开发周期，提高了生产效率，降低了生产成本。

（3）**缝制工艺数字化**：数字化制造是计算机数字技术、网络信息技术与制造技术不断融合、发展和应用的结果，也是制造企业、制造系统和生产系统不断实现数字化的必然。

（4）**显示技术数字化**：能在一个手机上完成模拟形式，且非常精准，复原度也很高，除了屏幕上的色差以外，基本上是可以感觉到时装产品所有真实的感觉，包括面料的花纹、细致的纹路，通过物理属性的参数化，提取出服装产品数字化面料本身的属性，在鼠标垫上形成的是温度、表面肌理的变化，能够模仿面料的手感，让消费者在没有产生购买之前，能够体验到面料大概是什么样的感觉。这样的研发都是为了在服装产业完成模拟的实现和在没有产生购物之前的虚拟状态。

3. 消费信息数据化　现在比较流行的词叫客户标签、消费信息的大数据提成，一些成熟的机构和专业的技术能够做到消费信息数据化的统计，在大数据行业里面是突出的特色。实际上大数据作为一种能源或者一种资产，任何东西、任何信息都是可以产生数据，但是哪些数据有用、用来干什么，数据的价值纯度判断是很重要的。

服装数字化技术是具有应用价值的三维服装CAD/CAM系统、虚拟试穿系统、ERP系统等来完成二维服装造型设计的真实性评价，是完成三维造型与二维板型间的相互转换，

交互式服装设计接口，人体测量与三维成型，设计至销售管理等一系列工作（图8-6）。

图8-6　服装制造数字化管理

第四节　科技元素与服装设计

一、科幻元素与服装

科技元素和科学技术对服装的变化与发展可以说是最直接的，科学幻想更是把人类存在与时尚潮流推向顶峰。在现代技术革命和高科技的武装下，运用计算机技术，可以实现人们的各种愿望，达到无所不往、无所不能的地步，将人们的生活推向一个奇妙、理想的境界。

在形形色色的科幻影片中，人们不仅关心自身的未来环境，更多地关注太空的信息以及外星人的幻想，用透明塑料胶做成连衣裤，或是铁质盔甲的外套，透明塑胶首饰，透明款式的太阳镜，尼龙袋子，易洁的涂层滑雪长靴，各种新奇的形象通过高科技的塑造呈现出来。在服装演变的潮流中，未来主义的风格日趋明显。在影片《第五元素》中的女外星人，正是用鲜艳的橘红色发型打破了科幻世界中一向冷冰冰的气息，为未来主义诠释了一种新的含义（图8-7）。科幻影片与时装潮流在相互推动中向前发展，人造卫星不只带来了"现场直播"，更

图8-7　托尼·福蒂（Tony Foti）科幻元素的时装创意

引发人类对漫游银河星际的幻想，这种幻想更促进了服装未来主义风格的发展。

二、高功能性、高性能材料服装

进入21世纪，高新技术纺织品，已成为国际纺织品市场的一个竞争点，也是纺织行业经济效益的新增长点。科技使我们的很多需求得到了满足，但同时也为我们的生存环境制造了不少麻烦，人类面临着由于臭氧层的破坏而导致阳光中过度紫外线的辐射，计算机、微波炉等家电以及手机的电磁波的辐射等，直接影响着人的身体健康。因此，人们需要抵抗此类辐射的新型面料，同时随着人类自身文明的发展，诸如舒适、保健、防水透气、免烫、防油污等需求也要得到满足，发达国家和地区纷纷投入巨额资金和人力，用于开发高新科技纤维，在这方面美国、日本、欧洲处于领先地位。目前，高科技纺织品开发主要有以下几类。

1. 高功能性和高性能纺织品　高性能纺织品主要包括NBC防护纺织品、医用防护纺织品、静电防护纺织品、恶劣天气防护纺织品、热防护纺织品、辐射防护纺织品的防护机理、加工技术、性能评价和应用范围。高功能纺织品的特点是舒适、有弹性、防水、抗静电、防油污、可机洗、免烫；高性能的纺织品具有高强力、耐磨、耐腐蚀、抗紫外线、抗辐射、阻燃、绝缘、导电等功能。高性能与智能化将主导行业未来趋势，可以说高性能化、多功能化、产品系列化等将是安全防护纺织品的新趋势（图8-8）。

图8-8　高功能性、高性能纺织品与服装

2. 智能型纺织品　随着科技的发展，纺织品已经突破了保暖、美观的范畴，逐渐走向功能化和智能化。电子智能纺织品是一种基于电子技术，将传感、通信、人工智能等高科技手段应用于纺织技术而开发出的新型纺织品。

智能纺织品是指能够感知各种来自环境的变化或刺激如机械、热、光、温度、电磁、化学物质、生物气味等，并能做出响应的一类纺织品。从功能上划分，可包括智能保温、生理状态遥测、太阳能发电、可穿戴技术、形状记忆、智能透湿防水、感温变色、电子化服饰等。例如，在医疗方面，medical衬衣可以监测穿着者的体温、心跳、血压等数据，实现对病人的远程监控；在多媒体数码产品方面，music外套可以播放音乐、收听电台；在军事方面，嵌有超微感应器的作战服，可以识别受伤部位，迅速止

血。现在，高科技能使我们的这种种需求变为现实。例如，用超细旦长丝织制的高密度织物，具有优异的防水透气功能，解决防水织物闷热不透气的缺点；"棉＋莱卡"的内衣解决了以前纯棉洗涤后变形、缩水、走样的问题；"莱卡"这种高科技材料做成的内衣在强化塑身承托效果，打破了有关内衣"修形与舒适"不可兼得的观念；还有冬暖夏凉的面料、反射红外线的面料、消臭面料、防蚊虫叮咬面料、智能播放音乐面料、随环境温度或光线变化而出现变色的面料，以及EMS健身衣、智能内衣、内裤等。据医学证明，生物磁共振现象对人体具有活血化瘀、促进血液微循环之效果，智能旋磁内衣的技术，是在人体天溪穴相应位置植入微型旋磁机，旋磁是与人体磁场最接近的一种能量波，在工作时产生同频共振效果，从而促进血液微循环，可以帮助乳腺淤积疏通，从而达到中医所讲"通则不痛"的功效。这些高科技功能性面料与智能织物不胜枚举。智能型纺织品主要应用领域有体育休闲服饰、监测与健康护理、军事与航空领域以及室内装饰等。

服装设计的国际宏观趋势是以面料材质为构思创造的源泉，通过面料发挥与众不同特色，表达时装设计师的创意与灵感，传达服装最本质的美的特色。现代高科技功能性面料正是人们的现实追求，也是设计师必须把握的重要趋势和对社会的深层定位。

三、环保概念与设计

20世纪80年代后半期以来，国际时装设计大师们掀起了一股"生态学热"，不断推出环保系列服装。进入21世纪，随着全球环保意识的提高，这股热潮有增无减，成为不容忽视的设计倾向。

由于工业发展导致环境污染问题过于严重，引起工业化国家的重视，产生利用国家法律法规和舆论宣传而使全社会重视和处理污染的问题，防止自然环境的恶化。虽然工业革命促进了人类社会的发展，但是从某种意义上讲，我们是以自己的生态环境换来了这种发展。于是各国人民都开始自发地反省和制止人为破坏生态平衡的现象，对环保问题极为重视。

各国政府制订了纺织服装绿色环保标准，全球具有权威性的标准是国际环境管理标准，即纺织服装的绿色环保标准，主要包括三方面内容。

1. 纺织原料的生产过程必须符合生态学标准　对于天然纤维而言，植物纤维棉麻的栽培、施肥、植被保护、生长助剂的使用以及动物纤维的动物饲养、保健、防病和生长剂的使用，要求避免使用大量的农药和化肥，尽量减少或消除纤维上的农药毒性残留，以免造成生态失衡和土壤肥力的破坏。对化学纤维而言，则应使用生产过程中不产生污染的纤维（如大豆蛋白纤维、莫代尔纤维、Tence1纤维、甲壳素纤维等）和不污染环境的可生物降解纤维。

2. 纺织品的生产、加工和包装必须符合生态学标准　不可使用禁止使用的染料及含有树脂、甲醛等有毒性的整理剂，采用不用水或少用水的染整加工技术，切实做到清洁生产或零污染生产，避免或减轻对环境的污染或对人体的伤害，保证最终产品的pH值（酸碱度）达到最佳值。

3. 纺织品在使用后的处理应符合环保要求　尽量避免或减少环境污染，废弃物可进行回收再循环使用或可生物降解。例如，天然彩色棉与无公害棉花均是制作环保服装的理想原料，在种植棉花时不用化肥和农药，只使用有机肥料，主要用于制作婴幼儿服装和药用棉，供不应求。目前，世界上开发利用彩色棉的国家有美国、秘鲁、墨西哥、澳大利亚、埃及、法国、巴基斯坦等。我国甘肃、河南、新疆等地也大批培育种植天然彩色棉，其品种有棕色、绿色两大系列，这种棉花纺纱后可直接用针织或机织织布，制作彩色棉服装，包括内衣、睡衣、T恤衫、婴幼儿童装、床单、被褥、毛巾、浴巾、卫生用品等100多种。

在欧洲，有以穿着回收废旧纺织品为材料制作的服装为时尚的现象，如法国巴黎的高级时装设计师推广由穿过的和剩余的衣服拼搭成五彩缤纷的女装，购买者十分踊跃。

"生态服装"不仅可以时刻提醒人们关注世界环境问题，也将成为当代世界时装发展的一种新趋势和潮流。生态服装的设计，在质感、色调、款式等方面都很贴近大自然，其面料大多采用棉、麻、毛、丝等天然织物，以大地色、植物色为基本色调，象征着广阔的土地原野、森林、蓝天和大海。服装辅料也采用绿色环保型材料，如纽扣采用纯天然物质，拉链等金属配件不电镀（避免产生大量的有害残余物质），表现了人与自然的依存关系，充分展示人与大自然的和谐，清新淡雅的田园情趣（图8-9）。

图8-9　生态主题的系列服装

四、运动元素运用

进入21世纪，不仅高新技术纺织品成为国际纺织品市场的一个竞争点，运动概念元素也为人们的身心健康起到积极的作用。无论是T台秀场，还是街头巷尾，运动元素服装扑面而来，窄小的夹克、流线型的轻便女鞋配拉链连帽设计、尼龙搭扣、T恤、运动热裤，网球裙等，加上高科技的材料、舒适的剪裁，时装与运动装的"感情"持续升温。

运动元素由来已久，在第一次世界大战后，"时装女王"夏奈尔在女装设计制作中引入了针织概念，设计出朴素而时髦的机能性很强的管状女装。虽然这一锐意创新招来非议，但却发出了一个革命的信号：柔软、轻巧、不皱，针织令行动自由，让身

体毫无束缚地活动，令人感觉自由舒适又毫不影响优美风度。因此，夏奈尔针织套装——长裤、平绒夹克和大框架墨镜系列运动型作品，是一种与现代生活合拍的、实用的20世纪代表作，被誉为"运动型之母"。而且，这些样式有着惊人的生命力，经久不衰（图8-10）。无论是男孩还是女孩、年轻人或是长者都穿上了球鞋和轻巧的夹克，运动装消除了年龄、性别和阶层的差异，起到保健身体和健康体态的作用。

图8-10　运动元素时装

思考与练习

1. 高科技纺织品包括哪些内容？
2. 环保的社会意义有哪些？
3. 简述环保服装的内容和意义。
4. 以环保为主题做一个预测故事板。

时装评论

第九章

课题名称：时装评论

课题内容： 1. 时装评论的意义与作用

2. 时装评论的传媒形式与特点

3. 时装评论的能力与技巧

4. 时装设计评论标准

课题时间： 2课时

教学目的：通过本章学习，学生能认识到服装设计评论的作用和意义，了解设计评论的特点与方法，掌握设计评论的理论标准。

教学方式：课堂讲授、课堂提问。

教学要求：提高学生对时装作品评论的个人反应能力，以及认知方法和评价语言的表述水平。

课前（后）准备：课前可根据知识点预习，课后完成思考与练习。

时装评论是对时装设计的思想内容、功能和形式进行理性评价、判断和分析的科学活动，也是衍生于设计的人类思维领域的人文活动。评论已经成为当代公众舆论对产品进行矫正的监督机制，我国电视、网络、报刊都开设了大量的评论栏目，发表了大量有审美视野、学术视野的评论文章与图片，给大众生活以精神陶冶和生活引导，促进了设计评论事业的发展。

■ 第一节 时装评论的意义与作用

一、时装评论概念

时装设计评论，是指评论家以批判的眼光、批评的角度，对具体的时装设计作品及其文化背景、设计思潮、设计理论、时尚潮流等方面进行客观性地批评和分析；是评论家运用一定的标准和方法，对时装的相关因素所蕴含的技术、实用价值、市场价值、社会意义、社会心理予以能动的、独到的鉴别与评论，它是现代服装艺术设计理论不可分割的组成部分。时装评论从理论构建到批评实践，不仅在时装审美文化系统中起着重要的调节作用，而且与设计史和设计理论共同构筑了服装设计学学科学术框架。

二、时装评论的意义和作用

1. 能促进时装业的繁荣与发展 时装评论对时装发展过程的各个环节能给出独特的学术阐释、鉴别和界定。批评评论将直接或间接地影响时装设计师的创作行为、生产者的生产和营销行为，以及消费者的选购行动，甚至影响时装业的健康发展和市场动态繁荣。

2. 有利于提高设计师的创作水平 时装评论可以深入分析作品的文化背景、艺术思潮、风格形成、现实的意义等。评论不仅是对特定的服饰潮流、着装现象给予批判，而且也对某一个人或团体及其作品给予分析和评价，能起到引导、启迪、激励设计师对自己的设计理念、设计行为、设计作品再认识、再思考的作用。尤其是那些对设计师本人针对性的批评，可以更有效地激发设计师的创作火花，掀起流行的浪潮。

3. 有利于提高民众鉴赏水平 时装评论能促使民众主动地理解时装感受潮流，激发对时装的进一步向往和渴求的热情，从客观上提高大众的审美素质。因为时装评论可以把一些不容易被一般欣赏者领悟与理解的时装作品所蕴含的深刻内涵与社会心理提示出来让人知晓，特别是研究性、开发性、概念性的发布会，可以进一步拓展大众的审美与反审美的知性视野，能有效地升华和提高欣赏者的内在情感和审美把握的能力。

4. 设计批评评论是社会进步的有效手段　设计批评评论的传播是一个能引起关注的问题，是对传播行为产生的"有效结果"的探讨。它不仅是个人、群体、组织和国家实现自己的目标所必不可少的手段，而且在确保人类文化的历史传承、实现社会系统各部分协调与沟通、维护社会进步与发展方面有着极其重要的作用。人的认知从态度到行动再到效果，在积累、深化和扩大过程中，评论起着积极的引导与辨识作用，时装评论也是如此。时装评论的传播效果是服装行业调节机制的健全与否、作用大小的测评依据。其中，时尚评论家，对于时尚行业广博的时尚知识，睿智的、犀利的评论，对行业的发展与进步有着积极的作用。

■ 第二节　时装评论的传媒形式与特点

一、时装评论的传播媒体

1. 印刷媒体　印刷媒体是指以报纸杂志为主的传播媒介。日常生活中的传媒，是以语言、文字、电话、报纸、书刊等为媒介；时装评论的传媒是以电台、电视台、出版社、报社、杂志社等为媒介。传播时装评论的媒体既有专业报刊、娱乐报刊，也有综合性报刊。时装专业报刊是以刊载时装信息（时装新闻、时装评论）为主，面向广大群众并连续发行的印刷媒介，例如《中国服饰报》《服装时报》《纺织服装周刊》《中国服装期刊》《时装》《时尚》《服装设计师杂志》《世界时装之苑》等，这些以视觉媒介为传媒形式的时装类刊物，其中时装评论主要是通过印刷在平面上的文字、图片、色彩、版面设计等符号来传递评论家的信息与理论。

2. 电子媒体　时装评论的电子传媒是指广播（通过无线电或导线传送声音的新闻媒介）和电视（运用电子技术传送声音图像的媒介）两种媒介进行的时装评论的传播活动。

3. 数字化传播　数字化传播也叫计算机媒介传播。将数字化技术应用于时装评论的传播活动会产生数字化的时装评论。从数字化技术的网络版本来看，与传统传播形式有较大的不同，传统形式的报刊是静止的；而在电子报刊中，文字设计可以是运动的、变换的、翻转的，甚至可以是以动画的和动态的视频图像等来传播信息与理论，数字化技术网络将大幅丰富时装评论的表现形式。

二、时装评论的因素

1．时装评论的主体——评论家　包括报纸杂志的评论员、编辑、撰稿人、设计师、工程师、设计理论家、教育家、企业家和政府官员等。他们以不同的社会身份、不同的立足点评价设计，表现出设计评论的多层次性。既然是评论家，就要比一般人和一般欣赏者或设计师有更高的理性认识、思维能力与表达能力，评论家对评论对象的表象内容升华至理性的高度，通过现象看本质才能有独到的、客观的、创建性的评定结论。只有当评论家具备了较高的理论水平与认知能力，才能更容易建立自己独有的评论风格。

2．评论对象——设计品　包括时装色彩、时装流行预测、时装摄影、时装模特、时装周、服饰博览会等。所有设计品都是依赖于它的批评者的，"一件作品的价值、意义和地位，并不是由它本身所决定的，而是由观者的欣赏、批评活动及接受程度决定的。"❶设计批评者与设计品的关系是一种密切的互动关系，这种关系可以从设计的实用功能和社会效果方面寻求解释，也能够从审美关系上分析并找到答案。

3．评论媒体——报纸、杂志、电台、电视、网络等专业媒体　是进行审美文化评论活动的专业媒体。国内每年在首都北京也有两次（3月和11月）国际时装周，主要媒体有《中国服装设计师》《中国服饰报》《服装时报》《中国服装》《中国纺织报》等专业报刊，以及中国时代经济出版社出版的《时裳.COM》书系，上海科学技术文献出版社出版《时尚是种情感的演绎》等时装服饰的评论集。评论媒体做出的判断评价是通过评论家在评论媒介上对文化产品进行描述、解释、评价，有影响或引导评论受众——生产者与消费者的作用，它在生产与消费之间起到调节或平衡的作用。

4．评论受众——设计师、消费者、读者、听众、服饰生产企业、服饰销售商及其他评论家等，甚至包括传播所取得的效果等有关内容　时装评论和评论受众之间是一种动态关系，时装设计评论虽不直接规范生产，也不直接制约审美消费，但最终意义在于，它是通过中间的审美文化产品来影响两端的审美活动，协调审美生产与消费，其目的就是对文化产品的优劣给予有效而深刻地评论与鉴定。评论受众的接受程度是检验时装设计师的标准，是促进时装设计、时装产业发展和市场的良性循环的基础。

三、时装评论的特点

以报刊、广播、电视、网络为代表的时装评论特点表现在以下三个方面。

---

　❶尹定邦.设计概论［M］.长沙:湖南科学技术出版社,2004:215–219.

1. 评论审美性与引导性　　在当今社会，大众传媒影响人们对周围世界的知觉和印象。时装评论作为传播的媒体所载发内容将影响人们对时装的知觉和印象。从这一角度来说，引导或制约人们理解服饰文化视野的认知标准是时装新闻与时装评论。在时装评论传达的信息中，包含着美与丑、流行进步与保守落后的价值判断。时装评论中提倡什么，反对什么，通过传媒的舆论导向功能发挥出来，客观上起着维护审美价值体系的作用，因为受众通过舆论导向会形成新的着装观念、审美价值取向，能够直接或间接地受到潜在的影响，进一步产生消费行为。

通过时装评论传播具体的行为示范或着装模式，或是一种搭配方式，或是一个系列款式风格，或是一个主题色彩，如果得到时装评论广泛论及，就会成为一般人学习或效仿的对象，形成流行。

2. 评论的针对性与时效性　　评论又叫批评，有较强的针对性。在国外时装评论的媒体有时装刊物、女性刊物，还有一些严肃的报刊如英国的《泰晤士报》《每日电讯报》；美国的《新闻周刊》《纽约时报》*Vogue* 及 *Creative Review*、*Art Review*、*Art Review Asia* 等都辟有时装评论专栏，每年的巴黎、米兰、伦敦、纽约的时装周期间，都有世界各地的时装编辑、记者、评论家赶赴现场进行报道评论。而时装设计师、高级顾客、生产商和购买商在发布会期间和结束后都要密切注意和分析时装评论的褒贬，因为评论的针对性对生产商或消费者都有着巨大的影响力。近20年，我国时装评论随着时装业品牌影响力的提升得到一定的重视和发展。中国服装设计师协会成立了专门的时装评论委员会，每年推荐中国时装文化奖最佳时装评论员候选人，经过理事会投票产生全国十佳评论员，有力地推动了国内时装评论的发展。国内主要时装评论刊物有《MILK（港版）》《中国服装设计师》《服装时报》《中国服饰报》《中国纺织报·时装周刊》《上海服饰》等专业报刊上都有相关文章。时装评论独到的见解有效地促进时装品牌的设计、时装工业的生产以及服装商业市场的繁荣。

时装评论要达到有效的促进时装生产与消费，要求"时装评论，要评又要论。有评论就有褒贬，评是观看作品印象后的评述，论是理论的阐发和感觉的深化"。[1]评论在于能够将设计师隐含在作品中的时代理念、文化内涵揭示出来，在发现中提炼上升为理性，进而再激发创造。时装评论作为现代服装业发展的衍生物，既不像学术研究那样需要探求深不可及的理论触点，也并非平庸到将一般的时尚新闻报道称作时装评论。当然，时装评论有很多是对时装新闻的评论，或是由时装新闻而引发的评论，信息时代需要新闻更需要对新闻的解读，这就是对时装评论的针对性与时效性的客观要求。

3. 时装评论的时尚性与创造性　　时装评论的创造性与时装设计一样，具有创新的价值和独创的见解。这就要求评论家以理性的思辨、科学的分析、逻辑的推理对时装

❶ 李超德. 雾里看花——时装评论的困惑及其他［N］. 中国服饰报，2000–1–21.

潮流、着装行为，以及设计师等进行深入探索、判断和界定，得出新的为人们所接受的有深度价值的观念结论。

■ 第三节 时装评论的能力与技巧

一、时装评论的方法

设计需要设计思维，而设计批评则需要批判态度和批判性思维，批评思维是以逻辑思维、科学思维和理性思维为引导的批评评论，这是为有效地达到预期目标而必须采用的策略方法。

由主题、观点、资料、论证等要素构成的时装评论中，当主题和观点确定时，如何收集资料、组织材料、进行论证、提示结论，就成为制约评论文章说服力的重要变量。评论就是要认识并搞清在服装设计世界里曾经发生着什么，重要的是了解现在正在发生着什么和将要发生着什么，以及时代精神意义与设计本质内容。具体方法有以下三点：

1. 描述评论对象（设计品）的特征　描述评论对象，即设计品的特征，包括服装的类型、服装的形式风格以及服装主题等内容，解答评论对象"是什么"的问题。

2. 分析评论对象的形式结构　对对象的因果关系做进一步解释。分析对象的形式结构以及这种形式结构营造的审美效果，解决"为什么"的问题。

3. 价值评价　对评论对象做出评价。这种评价是依据一定的价值观念和审美标准，即是代表特定的社会或群体的价值态度，分析解答设计品"怎么样"的问题。

总之，设计批评将传达一种文化信息，促使受众能够意识到为什么设计师能从新或旧的艺术作品中受到启迪和激励，并感受到某种力量，从而获取对流行设计的敏感性、理解力和鉴赏力。

二、时装评论能力培养

1. 对传统历史知识的修养　时装设计评论探索始于对服装作品的充分思索，在所有艺术设计评论探索中占主导地位的是个人反应活动。在设计评论中，审美观念与设计的现代表现实际上是一种因果关系，我们不能将设计和传统分割开来，如果没有传统艺术的昨天，就没有现代艺术设计的今天。了解服装历史和背景知识，事实上是对现代时装设计更好的理解。

2. 具有审美理念和专业技巧　要达到对时装作品含义和价值充分地理解，还需要获得相关的审美理念和专业技巧。因为对一系列时装作品判断离不开观赏者的审美理念、审美技巧和专业技巧。理念反映的是美学素养，技巧反映的是专业素养，所以把握审美理念和专业技巧，能够使我们对时装设计作品的判断有可靠的依据。不仅要知道设计作品的构成要素，还要理解设计品的思想，能够识别出构成一件设计品的各种要素的组合方式、关系、个性特征和风格意境等。这些知识修养将增强评论者对服装设计作品更深层次的理解，而不只是停留在服装的外部特征上。

3. 加强文字底蕴　批评性判断、欣赏、风格分析、趣味争辩、历史性比较和有效的评论本身，都离不开对字眼的恰当使用。因此，评论家对字和词的敏感性，恰当的词语词汇表达也是设计批评不可缺少的基本功。

获得评论能力的一个最有效的方法是用最明白无误的语言把自己对设计作品的感受写下来，学会最有效地整理自己的批评论点，组织和整理自己的思想、观点和结论。为了达到这一目的，一是从艺术评论家、美学批评家所撰写的评论性文章中学习；二是从艺术家、设计师的自传中、访谈录里得到益处；三是将其他艺术种类形式的书面批评等作为学习的范例。当你能够对某一时期的设计师、设计作品的理念作更深入的探讨，在写作评论的过程中磨炼文字，总结经验，把含混的印象、感受和共鸣转变为清晰而令人信服的文字，具备了较好的写作力、敏感的直觉力、洞察力、分析力，就有可能产生清晰的、可理解的评论文章，设计批评才能够以互动式的探讨方式达到传授与受授的互益。

第四节　时装设计评论标准

评论是一种判断，是判断设计品好坏的能力，对优劣的评价必然涉及价值标准。根据设计要素和设计原则，一般艺术设计评论体系标准是从科学性、适用性、艺术性等方面进行考察。包括功能指标、技术指标、材质指标、安全指标、经济指标、美学指标、市场评价和创造性评价、人机工程评价等。只有这样，才会对设计艺术进行比较公允、科学的评价，才会得出一些有益于设计的启示。

一、时装评论的社会价值标准

时装设计作品的社会价值因其对于社会所具有的积极意义而存在。从人类历史发展的意义上来说，历史在某种意义上就是社会。由历史研究反映的社会内容，更具体

地揭示出服装本身所具有的社会性特征。社会价值标准是以其对于社会历史发展所具有的积极意义为衡量标准的。

1. 社会功能标准 时装社会功能的标准就需要从不同层次的人对服装的理解、穿着观念、价值观念和消费观念出发，即人们在不同的社会环境中受到的约束，不同的场合不同穿衣的社会功能要求以及人因工程等因素都是服装设计评论重视的基本问题。功能本来是具有共性的、相对稳定的标准。但同一设计品的功能可能会因时代的不同而满足不同的功能要求。

因此，时装评论的标准，当是以其在不同内容的设计中各有其偏重，作为产品的时装设计要强调技术，作为时装的广告要强调信息，作为人体的包装要强调保护功能、装饰功能与人体与衣物的空间构成功能。因此，时装批评既有强调技术美学的一面，又有强调作为包装的功能型的一面，并且全面考虑其相应各项评估指标是十分必要的。

2. 市场检验标准 服装是产品，也是商品。时装设计是由物质型纺织材料完成的，因此技术可行性、材料新颖性、结构合理性以及人机协调性等，这些内容是市场评论的价值标准。

社会科学是一门价值的科学和行为的科学，任何设计其实对社会都存在价值，服装也不例外，服装是建立在人和当代社会的关系之上的生活设计。从这个意义上说，设计中的社会学研究，应该是以设计师和享受设计的消费群为对象，围绕设计的宏观社会潮流、中观人活动的环境、微观场合的个人风貌来进行分析评价。特别是成衣品牌，市场检验的唯一标准就是它在市场上受欢迎的程度，当设计品的附加值得到市场的认可，设计的价值就体现出来。设计过程相对艺术过程而言，设计品不仅有艺术成分，还须以物品、产品、商品和消费品等形式出现，它们都要接受社会的评判才能产生和体现价值。时装批评不仅要在艺术审美层面检验，也应以设计品的市场占有率、消费者的接受程度来检验。

3. 审美价值标准 服装是技术与艺术的结晶，产品是生活与美学相结合的产物。服装作为社会的精神产品出现时，具有一定的审美属性价值意义。如果说成衣设计是考虑日常穿着，重在实用的创新和美观；概念创意设计，则重在考虑审美、象征性和新颖性。这就决定了时装审美标准的存在为时装评论奠定了基本美学标准。

服装设计是众多艺术设计学专业方向之一，它是技术与艺术、科学与文化、实用与审美、物质与精神的统一体。因此，批评标准就不可能简单划一，也必须从多角度、多层面去审视。

二、时装评论的学术价值标准

服装评论的学术价值标准是用于评定时装设计成果或设计学思潮所具有的科学意

义的标准。一般来说，凡能正确地反映被研究的对象，揭示其内在规律，并能得到关于该研究对象的较深入的文化理性知识，提出新的观点、研发新的材料以及运用新的组合方法，具有创新和开拓的作用的设计成果或设计理念，都具有一定的科学意义，即学术价值。反之，则不具有科学意义或学术价值。

服装设计发展的历史见证了人类科学技术、社会经济、意识形态、政治结构等多方面的重大变化，设计批评在每一个时期对于设计诸要素都表现出不同的倾向，并上升到理论高度的评价和认识。设计艺术与文学有其相邻近的性质，就是所谓的叙述性，作品叙述性是指作品说故事的能力，而判断设计艺术感不感人很重要的因素之一，就是设计品内涵的叙述性强不强。评论就是认识新的时装成就在某一具体历史时期的作用与意义，其开创意义也在于将这一时期的关于某一方面的认识推向一个新的发展阶段，包括对研究主题系列服装对象的认识，对于新材料的发掘和新技术工艺方法的运用等。全面分析和辩证地看待设计品，是正确掌握学术价值标准的科学态度。

综上所述，时装设计评论是综合其他人文设计学科的边缘性设计评论。在艺术审美的角度，服装是作品，是从形式到内容精心设计的审美意义；在生产商的角度，服装是产品，加工的质量是为了企业的利润；在市场的角度，服装是商品，精心策划是为了市场盈利；在艺术与技术的结构设计的角度，它又是技术和材料的载体，改进技术是为了技术的进步；在消费者的角度，它则是消费品，购买是为了适宜穿用。因此，从时装设计这一综合多方面的因素来说，服装行业各个方面的进步，不仅是设计师评论家的目的，而是设计师评论家实现为"人"服务这一目的的中间环节或协调因素。在信息的时代，对信息的分析与整理要比获得信息更为重要。时装设计批评就是对时装信息的整理，我们这个时代不只要把信息做简单的堆砌，更应该把信息当成一种资源来经营，每一种批评都是解读，解读的真正意义是从设计品的语言与文化、艺术与技术相关联的角度进行深度挖掘。

💡 思考与练习

1. 时装设计的检验标准是什么？
2. 选择一位设计师的作品或市场某一品牌服装给予评论。
3. 选择一套街头服装给予评论。

参考文献

［1］尹定邦.设计学概论 [M].长沙:湖南科技出版社,1999.

［2］李当歧.服装学概论 [M].北京:高等教育出版社,1995.

［3］熊武一,周家法.军事大辞海:下 [M].北京:长城出版社,2000:2560.

［4］李当歧.西洋服装史 [M].北京:高等教育出版社,1998.

［5］城一夫.西方染织纹样史 [M].孙基亮,译.北京:中国纺织出版社,2001.

［6］普兰温·科斯洛拉芙.时装生活史 [M].龙靖遥,张莹,郑晓利,译.上海:东方出版中心,2004.

［7］罗玛.开花的身体:一部服装的罗曼史.上海社会科学院出版社,2005.

［8］何人可.工业设计史.北京:高等教育出版社,2010:114

［9］张志春.中国服饰文化.北京:中国纺织出版社,2001.

［10］张夫也.西方工艺美术史.银川:宁夏人民出版社,2003.

［11］华梅.中国服装史 [M].北京:中国纺织出版社,2007.

［12］沈从文.中国古代服饰史研究 [M].上海:上海书店出版社,2011:429.

［13］包铭新,曹喆,崔圭顺.背子、旋袄与貉袖等宋代服式名称辨.装饰,2004(12).

［14］王洁芯.面料肌理再造的工艺方法设计 [J].轻纺工业与技术,2013(4):62-66.

［15］[日]饭琢弘子.时装设计学概论 [M].中国轻工业出版社,2002.

［16］[美]吉尔福特.创造性才能 [M].施良方,等,译.北京:人民教育出版社,1991.

［17］段继扬.试论发散思维在创造性思维中的地位和作用 [J].心理学探新,1986(3):31-34.

［18］桂起权.梦:形象思维的毕加索艺术——相似联想、形象模拟及隐喻的研究 [J].吉林师范大学学报(人文社会科学版),2006.

［19］杨文圣,李振云.试析发散思维是创新思维的核心 [J].衡水学院学报,2003,5(4):64-66.

［20］蓝印花布古代民间操作工艺,中国印花网 [引用日期 2012-10-30].

［21］维普资讯 http://www.cqvip.com.